算数・数学が得意になる本

芳沢光雄

講談社現代新書

1840

「つまずき」は成長の母――まえがきに代えて

世の中には、「算数なんて大嫌い！」とか、「数学はどうも苦手で……」という人がたくさんいます。よく話を聞いてみると、そういう人はたいてい、どこか具体的な単元の学習でつまずいてしまった経験をもっています。たとえば、分数の割り算とか、因数分解とか、微積分といったところでどうにもわからなくなって、それっきり嫌いになるか、苦手意識をもってしまったというわけです。周りの友だちが要領よくスイスイ先に進んでいくのに対して劣等感をもってしまった人も多いことでしょう。

一方、高校に入るぐらいまではそこそこできたのに、大学生になったら分数の計算もできなくなっていた、という人もいます。そればかりか、高校まで数学が大の得意で大学の数学科に進学したとたん、挫折してしまうような学生もいるのです。おいおい述べていきますが、そういう学生は、きちんと理解する前に解き方だけを丸暗記して、テストで要領よくいい成績をとってきたという場合が多いようです。

ですから、つまずくこと自体は別に悪いことではありません。大切なのは、つまずきそうになったときにさじを投げたり適当にやり過ごしたりするのではなく、踏みとどまって考えることです。そしてそのことが、数学的な思考力を養うことになるのです。前著

『数学的思考法』（講談社現代新書）で強調したように、算数や数学を学ぶ目的は、「処理能力」を上げることではなく、考える力・論理的に説明する力を養うことにあるのですから。

さて、高校と大学、中学と高校、あるいは小学校と中学の間には入試という壁があります。それらの存在のゆえに、小・中・高・大の教員間の交流は限定的になり、教科の指導法をめぐる縦断的な研究もほとんど行われていません。算数・数学における「つまずき」の研究も同じで、主に小・中・高・大とばらばらに単元ごとに扱われてきたのです。

私は大学で基礎数学の講義を行うなかで、さまざまな「つまずき」の問題について認識はしていました。しかしながら、それらを小学校の算数教育、中学や高校の数学教育と結びつけて考えてはいませんでした。ところがここ数年、ときどき招かれるようになった各地の特別（出前）授業や教員研修会を通じて、本質的には小学校から大学までつながっている問題が多々あることを強く意識するようになったのです。つまり、高校生や大学生の「つまずき」は、本質的なところで小学校や中学校での理解のしかたとつながっている、ということです。

そこで私は、算数・数学の「つまずき」の事例を縦断的に集め、それらを表のように16のパターンに分類しました（「日本数学教育学会誌」2006年３月号）。

「つまずき」の16のパターン

（1）0と1に関する特別な扱い
（2）記号の意味に関する誤解
（3）表現の形は異なっても算数・数学として同じものであることの認識
（4）「または」「かつ」「ならば」の用法と「矛盾」
（5）「すべて」と「ある」の用法
（6）負の数どうしの積は正となる認識の関連
（7）計算におけるおおよその見当
（8）説明文や問題文の意味の理解
（9）移動や作用の順番
（10）移動や作用の逆
（11）具体例の認識不足のまま学ぶ抽象概念
（12）公式の適用と式変形の妥当性の吟味
（13）比に関して比べる対象にある誤り
（14）扱う対象の拡張や単位の変更によって生じる理解面でのギャップ
（15）図形的な実際の体験不足
（16）直観的な説明が優勢な内容（「長しかく」「重なる」など）

本書は、小学校の算数から高校の基礎的な数学までの範囲のうちで、よく見かけるつまずきや疑問について、上記の分類の成果を取り入れながら、わかりやすく説明することを目的とするものです。主な読者対象は、子育て中の保護者や教育関係者、中学生以上なら本人、ということになるでしょう。

しかしながら、一般の社会人や学生の方にも是非、この本を読みながら「数学とは何か」について考えていただきたいと思っています。ことによると、つまずいてしかるべきだった、つまり誤って理解していたということに気づくかもしれません。そうでなくても、

「分数で割るとき、なぜ分子と分母を入れ替えて掛けるのか」、「マイナス掛けるマイナスはなぜプラスなのか」、「角すいや円すいの体積公式になぜ$\frac{1}{3}$が現れるのか」といった素朴な疑問について考えてみるのはとても楽しいことですし、数学的思考の訓練にもなるはずです。

「数学が得意な人はつまずいた経験などないだろう」と思っている人は多いことでしょう。しかし実際は違います。計算や処理の速さを競わせるような「条件反射丸暗記」的な教育だけで育ってきた人はつまずきをほとんど意識しませんが、本当の意味で数学が得意になる可能性をもつ人は、つまずきに対して敏感なのです。私の親しい数学者も、小学生のとき「くり上がり・くり下がり」の計算で大変苦労したそうです。

私自身も、小学生の頃にたて書きの掛け算で大いにつまずいてしまいました。

たて書きの掛け算で10の位を掛けるとき、答えの1の位は左へ1文字分ずらして書き、100の位を掛けるときは左へ2文字分ずらして書きます。大人は当たり前にやっていることですが、当時の私はなぜそんなことをするのか、さっぱりわかりませんでした。そして、10の位も100の位も全部右端をそろえて足していました。当然、答えは全部、友だちと違います。昼休みになってみんなグラウンドに出て遊んでいるとき、私はひとりでずっと教室に残っていました。

そんな日々が続いたある日、担任の先生や親の話から、10の位を掛けたときは右端に書くべき１個分の０を省略し、100の位を掛けたときは右端に書くべき２個分の０を省略していることを理解したのです。「それならなんで０や00を書かないのか？」私は子どもながらに抱いた疑問をもち続けました。最近になって、インドの算数の教科書では10の位の積の最後に０を書き、100の位の積の最後に00を書いているのを目にしたとき、懐かしい想い出がよみがえったものです。

あのとき、ひとり教室に残っている私を見つけた親友が、「おいヨシザワ、その計算はこうやればマルなんだよ。これ写して早くグラウンドに行こうよ」と机に手を置いて話してくれたことも忘れられません。

そんな私がいま、大学生や大学院生に数学を教えているのです。いつも「なぜ？」「どうして？」と引っかかっては考え続けてきたことが、いまの仕事につながったのでしょう。クラスの誰よりも遅れてたて書きの掛け算をマスターした私だからこそ、ここに算数・数学のつまずきに関する本を堂々と出版できるのだと思います。

それでは、つまずきやすいポイント、間違って理解してあとで困ることになるようなポイントを具体的に絞り込んで、わかりやすく説明していくことにしましょう。「へえ、そう考えればいいんだ」と、お楽しみいただければ幸いです。

目　次

第2部　中学校数学の「つまずき」

第３部　高校数学の「つまずき」

第１部
小学校算数の「つまずき」

「算数」という言葉には、多分に誤解を生む意味が含まれているようです。単に数を数えられればよい、単に四則《しそく》（足し算・引き算・掛け算・割り算）の計算だけできればよい、文章問題の解答ではメモ程度の計算式を残せばよい……等々。そんなことが算数の目的だと誤解されるくらいなら、「算数」という言葉は即刻廃止して、諸外国のように最初から「数学」という言葉に改めるべきでしょう。

掛け算「九九」はオウムでも言えますが、「1」がもつ意味を理解することはオウムには不可能です。個数としての1個、重さの単位としての1g、面積としての1m^2、全体としての1……等々。そのようにいろいろな意味をもつ1をきちんと理解することは、子どもにとって決してやさしいことではありません。

実は専門の数学の世界でも、1＋1＝1であったり（「ブール代数」とよばれる世界）、1＋1＝0であったり（「標数2の体《たい》」とよばれる世界）、より多くの1が登場します。それが大学生にとってつまずきの原因にもなりますが、さかのぼってみると、小学校の算数でいろいろな1を謙虚に受け止めて学ぶ姿勢が求められるのです。

「たかが算数」となめてはいけません。小学校の算数におけるつまずきをきちんと乗り越えておくことが、中学や高校の数学を学ぶうえできわめて大切だということです。

1－1　「数」って何？

ちいさな子どもというのは、(大人にとっては) 意外なところでつまずいていることがあるものです。

都会では教育熱心な母親が、小学校入学前の子どもに「算数」を教えている光景をしばしば目にします。「さあ、100までの数を言ってごらんなさい」とお母さん。すると子どもは、「イチ、ニ、サン、シ、……、ヒャク」と元気に答えます。

ところがそんな子どもでも、10人前後の人数や20個ぐらいの物の個数を数えられないことがよくあります。インコやオウムでも、上手に訓練すればジュウやニジュウぐらいまでは言えるでしょう。でも、「5人」、「5羽」、「5個」に共通する抽象化した「5」の概念を理解することはまず無理です。

私は学生時代にコッカスパニエルを飼っていたことがあります。その犬に4と5の違いを認識させようと、2枚の皿の上にビスケットをそれぞれ4枚と5枚乗せて、どちらかの皿を選ばせるという「実験」を何度もやりました。しかし残念ながら何度行っても、声をかけたときにたまたま見ていた皿のほうに向かってしまい、5枚のほうを選ぶことはできませんでした。

このように、抽象的な数の概念を理解することはきわめて難しいことなのです。そして、単に「イチ、ニ、サン、……」と数を言えることとは区別して考えなくてはなりません。そのギャップを埋めるためには、たとえば「５」ならば、５人、５羽、５個などの絵や実物を見せて、その概念を理解させることがまず大切です。

たとえ1000までの数を言えても、数の概念の理解にはちっともつながりません。子どもに数字を「イチ」から順に言わせる訓練では、５人、５羽、５個のような絵や実物を同時に見せることを忘れています。そこには、暗記偏重という誤った教育の原点があるのです。

「５」の概念を理解させるうえで、５人、５羽、５個のような絵や実物を見せるだけではまだ不十分です。「５個の何か」のほかに、４人、６羽、７匹など、ちがった個数のちがうものの絵の中から５個の絵を選ばせるような指導（というより、遊びみたいなものですが）も必要です。その点、日本の小学校１年生用の算数教科書はやや貧弱な感があります。

ちなみに大学の数学科で専門に学ぶ概念に「同値関係」や「同値類」がありますが、血液型による人間の類別や辺の本数による多角形の類別などの具体例から学ぶと、小学生でも理解できるものです。ところが、抽象的な概念の定義として学ぶものだから、高校までは数学が得意であった学生でも「難しくてさっぱりわからない」となってしまうことがあります。抽象概念の理解は、小学生の「数」から始まっているのです。

1－2　くり上がり・くり下がりがわかるコツ

大人にとって、10以下の数しか現れない足し算・引き算と、10を超える数が現れるそれとはたいした違いはないでしょう。でも子どもにとっては、ものすごく大きな違いです。

まず、次の４つの式を見て下さい。ここでカッコは、あたかもカッコが付いているように考える、という意味です（もちろん、結合法則も知らない子どもにこれをそのまま教えるということではありません）。

（ア）$8+7$
$=8+(2+5)$
$=(8+2)+5$
$=10+5$
$=15$

（イ）$8+7$
$=(5+3)+7$
$=5+(3+7)$
$=5+10$
$=15$

（ウ）$15-8$
$=15-(5+3)$
$=(15-5)-3$
$=10-3$
$=7$

（エ）$15-8$
$=(10+5)-8$
$=(10-8)+5$
$=2+5$
$=7$

上記４つの計算方法は、10進法の本質である「10」

を基準にして「足して10になる2つの数」に注目しています。指を折って計算する方法と違って、2桁《けた》や3桁などの足し算・引き算にも自然と拡張できます。実際、次のような計算の各位を見ても、その意味は理解できることでしょう。

$$\begin{array}{r} 644 \\ +\ 287 \\ \hline 931 \end{array} \qquad\qquad \begin{array}{r} 644 \\ -\ 287 \\ \hline 357 \end{array}$$

このように、「足して10になる2つの数」はとても重要な考え方なのです。

指を折って計算する方法だけに頼ったり、（ア）と（イ）、あるいは（ウ）と（エ）の間で混乱が生じていたりすると、この考え方はなかなか身につくものではありません。子どもが（ア）または（イ）のどちらかひとつと、（ウ）または（エ）のどちらかひとつを早いうちに理解できるように誘導してやることが大切です。

くり上がり・くり下がりに苦労するお子さんはきっと多いと思います。上の計算式のような方法を、計算棒やタイルのような小道具を使うなどして、言葉で説明しながら練習をさせるとよいでしょう。

ところで、a、b、を1以上9以下の整数とし、

$$a+b=10$$

であるとき、b は a の、あるいは a は b の「補数（余数)」といいます。上では補数の意義を述べたことになりますが、大学の数学では次のように表現することができます。一見難しいようですが、実際はそれほどでもありません。

整数全体を Z とすると、

$$Z/10Z = \{0, 1, 2, 3, 4, 5, 6, 7, 8, 9\}$$

となるが、$Z/10Z$ における零元でない a に対し、a の和に関する逆元 b は小学校の算数における a の補数のことである。

大学数学科の卒業生に「$Z/10Z$ において、和に関する3の逆元は何か」という質問をして、「7」と答えられない人は、おそらく2割ぐらいはいるだろうと想像します。小さい「10Z」は10の倍数の整数全体で、「／」には類別するという意味があります。「和に関する逆元」は、ここでは算数でいう補数のことですが、「代数学はよく勉強しなかったので、私には少し難しい質問です」と答える人も少なくないような気がしてなりません。

1－3　検算の大切さ

「うちの子は計算ミスが多いのに検算をやりたがらなくて……」

そんな嘆きを親御さんからよく聞きますが、検算というのは、ただテストで確実に点数をとるためだけに行うのではありません。

試験監督などで答案用紙の枚数を数え直すことを考えてみましょう。「ニ、シ、ロク、ヤ、トオ、……」とか「ゴ、ジュウ、ジュウゴ、ニジュウ、……」などと数えたりしますが、これも立派な検算です。

ほとんどの試験では、答案用紙を集める前に受験者数は把握しています。そして、回収した答案用紙の枚数を数え直すことによって、回収作業に関する不安はなくなり「安心」できるようになるのです。

そのように、検算はいろいろな作業や論議を着実に積み重ねていくことになるばかりでなく、それによってより安心感を高める働きがあるので、「よし、合ってる」と自分自身に対して自信をもてるようになります。検算をしっかり行って自分の解答に自信をもてる子どもは、あまり周囲の大人の表情をうかがうことをしません。検算をしないで自分の解答に自信がもてないから、キョロキョロと周囲を気にするのです。

こうした安心感を二の次にして「処理速度」にばか

り注目する奇妙な教育では、検算は軽視され、間違いを見つけ出す能力があまりはぐくまれません。『数学的思考法』でも書いたことですが、実は、数学ではこの「自分で自分の間違いを見つけ出す能力」がきわめて大切なのです。

さて、ある文章題を解くときに、

$$3\times\square+7=31$$

という式を立てたとしましょう。このとき、中学校の方程式の解法のように、

$$3\times\square=31-7$$
$$3\times\square=24$$
$$\square=8$$

という式の変形で答えを出したとします。検算を行うとき、上の3つの式をそのまま順にたどってチェックすることも考えられますが、

$$3\times8+7=24+7=31$$

というように、可能ならば異なる形で確かめるほうがより安心できます。

掛け算の場合はどうでしょうか。

$$57\times68=3876$$

を検算するとき、順序を入れ替えて68×57を計算する方法もありますが、3876÷57あるいは3876÷68を計算するほうがベターでしょう。子どもでも大人で

も、同じ計算を何度も行うのは少し退屈ですし、何より、別の道筋で確かめるということが確実性を増します。

図形でも同じです。たとえば、下図において四角形EBCGの面積を求めるとき、最初に四角形EBFGの面積と三角形GFCの面積の和として求めたならば、検算では三角形AEGとGCDの面積の和を長方形ABCDの面積から引いて確かめる方法があることも知っておきたいものです。

図1

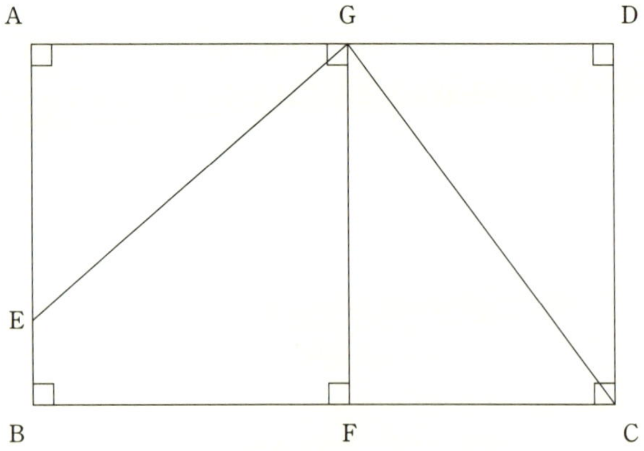

ここで、余りの出る割り算の検算式を導く方法をひとつ紹介しましょう。たとえば、

$$7 \div 3 = 2 \cdots 1$$

が合っているかどうかは、

$$7 = 2 \times 3 + 1$$

によって確かめられます。このような例から、

□÷△＝○…☆

のとき、答えが合っているかどうかは、

□＝○×△＋☆

で確かめられることを導くのです。ただしその過程で登場させる数は、7、3、2、1のようにすべて異なっていなくては困ります。たとえば、

$$10 \div 3 = 3 \cdots 1$$

のように3が2つあると、誤った検算式を作ってしまう可能性があるからです。

このように、いろいろな計算の練習をするときには、量と速さを競わせるのではなく、ゆっくりでもいいから検算によって自分で答えを確かめられるようにしたいものです。

次の項では、広い意味で検算の一種と考えられる「概算」について取り上げましょう。

1－4　答えが大きく違ってしまうとき

「木を見て森を見ず」と言われるように、細かい点に神経質になるあまり全体を見失うことは誰にでも起こりうることでしょう。数学を得意とする高校生でも、「10000の２乗と２の36乗を比べると、どちらが大きいと思いますか」と突然質問されると、「10000の２乗？」と答える生徒は少なくありません。しかし実際は、

$$10000^2 = 10000 \times 10000 = 100000000$$

$$2^{36} = 68719476736$$

となり、後者は前者の約687倍もあるのです。ちなみに、100000000 cmは東京から長崎あたりまでの距離で、68719476736 cmは地球から月までの距離の1.8倍にあたります。

このように、数の世界でも全体を見渡す力が求められますが、とくに算数の世界では、計算方法の誤りを見つけ出すうえで「概算」の感覚がとても大切になります。

次の２つの誤答を見て下さい。

（ア）$\dfrac{35}{27} \div \dfrac{3}{7} = \dfrac{35 \times 3}{27 \times 7} = \dfrac{5}{9}$

（イ）$7.23 \div 3.31 = 2.18 \cdots 1.42$

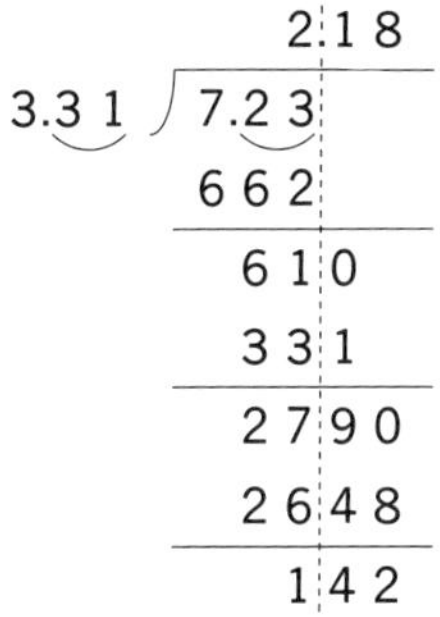

（ア）では、$\frac{3}{7}$の分母・分子を取り替えて掛けていません。また（イ）では、余りの小数点の位置はもとの小数点の位置に直して 0.0142 にしなくてはなりません。

確かに、前項で紹介した検算式にあてはめて、

$$\frac{5}{9} \times \frac{3}{7} = \frac{5 \times 3}{9 \times 7} = \frac{5}{21} \neq \frac{35}{27}$$

$$2.18 \times 3.31 + 1.42 = 8.6358 \neq 7.23$$

というように誤りの判断はできます。しかし検算を行う前に答えを眺めて、

「$\frac{35}{27}$は 1 より大きい数で、それを 1 より小さい（0 以上の）数で割るともっと大きくなるはずだ。だから$\frac{5}{9}$という答えはヘンだ」

「7 を 3 で割って商を小数第 2 位まで求めると、商は 2.33 で余りは 0.01 になる。だから余りが 1.42 というのはおかしい」

というような感覚をもっていれば、(ア) と (イ) の間違いは未然に防げるでしょう。

もちろん、検算と違って、大ざっぱな概算ではわずかな違いのミスは発見できません。しかし、こうした概算を使った見直しは、全体を大づかみに把握する感覚をはぐくむ点でとても大切なものなのです。

大学生が、計算機での処理時間が数万年もかかるような計算をそのまま計算機で行わせて、「なかなか答えが出てきません」と言うことがあります。そのようなときは、計算量をおおよその目算でも求めておこうとする感覚があったらな、と残念に思うものです。数学における「直観」というものも、案外こうしたところから磨かれていくものなのでしょう。

日本の算数・数学教科書にある特徴のひとつとして、諸外国と比べて近似記号「≒」の扱いがきわめて厳格なことがあります。しかし、それが大ざっぱな概算の扱いを少なくしている面があり、数学を現実の問題に応用する立場の人たちに違和感を感じさせています。論理的な証明を日本の教科書よりはるかに重視しているインドの数学教科書は、一方で実際の応用面の話題をたくさん記述しており、そこでは近似記号「≒」をいちいち使うことなく、等号「=」を大胆に使っている部分もあるのです。

1－5　個数としての数、量としての数

もののの個数としての数は「イチ、ニ、サン、シ、……」というように覚え、それらの数と数の間には、ほかの数はありません。一方、「1 cm、2 cm、3 cm、…」あるいは「1 g、2 g、3 g、…」のような量としての数と数との間には、いくらでもほかの数があります。前者を「離散的な数」といい、後者を「連続的な数」というように、それらは本質的に違うものです。その違いを乗り越えることは、小学校低学年の子どもにとって容易なことではありません（図1、図2参照）。

この違い、とくに「量としての数」の理解は、このあと分数や小数、比や割合などを学ぶときに大変重要になります。しかし、まずは「離散的な数」に慣れる

図1

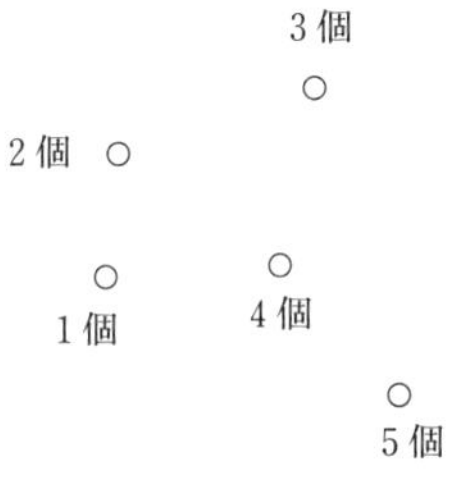

図2

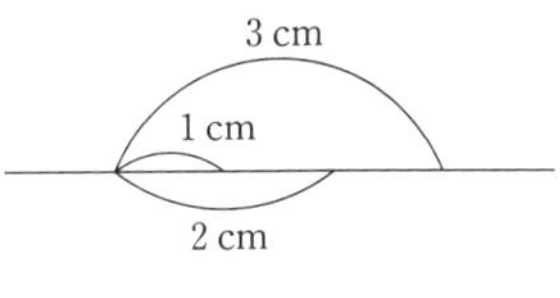

ことが大切です。

図2を見ると、すぐに$\frac{1}{3}$cmなどを子どもに教えたくなるかもしれません。しかし、離散的な数に慣れていないうちから分数や小数を教えても、けっしてうまくいくものではないのです。まずは2桁、3桁などの整数やそれらを使った整数の範囲での四則演算（+、−、×、÷）、それに加えて、

10mm＝1cm、100cm＝1m、1000m＝1km

1000g＝1kg、10dℓ＝1ℓ、100mℓ＝1dℓ

60秒＝1分、60分＝1時間、24時間＝1日

などの単位の換算を理解することによって、小数や分数の導入を準備することです。

なお、2桁、3桁などの整数を導入するとき、計算棒（図3）やタイル（図4）などを用いますが、小数や分数の考え方の導入まで視野に入れるなら、タイルのほうがよりよいでしょう。

図3

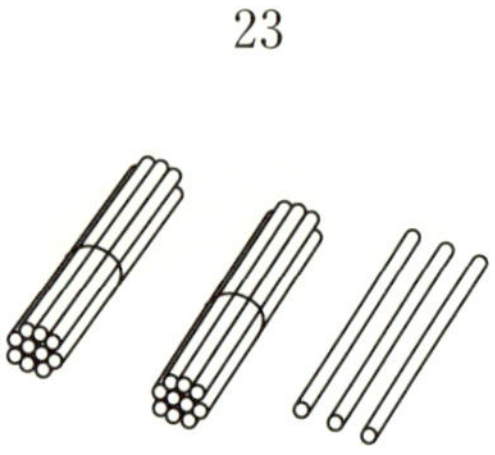

図4

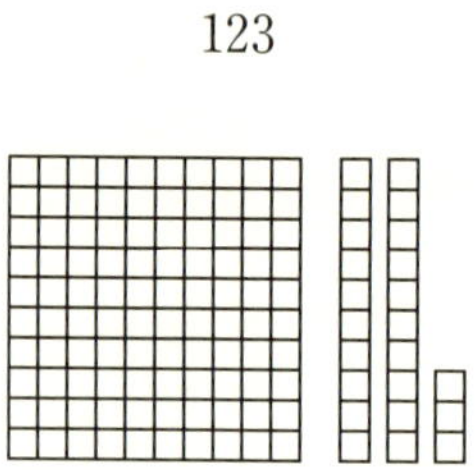

というのは、小数ならばまず1を10等分しますが、たとえば図4において1を表す1枚のタイルを、図5のように分けて考えれば、小数第2位までの数も自然と導入できるからです。

図5

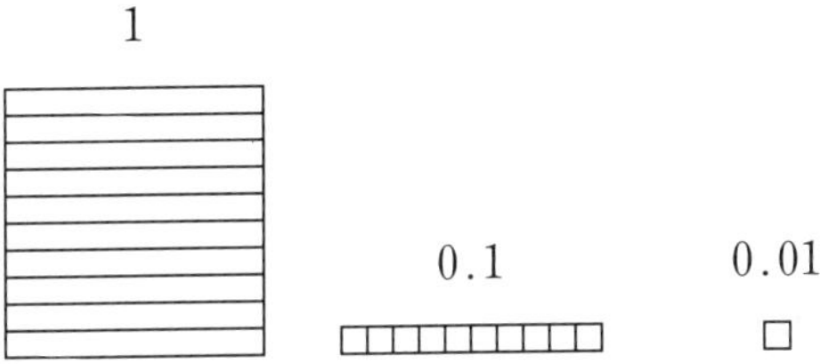

また、分数ならば3等分や5等分に分けることから導入しますが、図6は図4を拡張させたものとして見ることができるばかりでなく、分数の四則演算の導入も容易に図れることになります。

図6

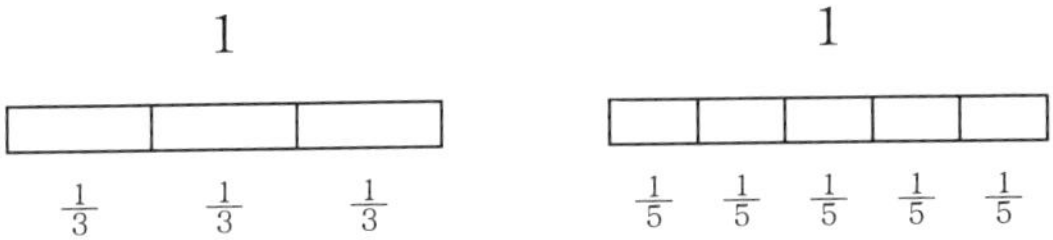

さて、教科書では小数や分数の導入はℓ(リットル)やm（メートル）などの単位をつけて記述しています。実は、このことは意外と大切な問題を含んでいます。具体的に述べましょう。

たとえば中学校や高校で扱う面積を求める問題に、いつの間にか単位が落ちていた覚えがあることでしょう。これは別に間違いではないのですが、現実を直視することから考える立場の人たちにとっては気持ちがわるいようで、理科関係の先生から、「数学の面積や体積の問題では、なぜ単位をきちんと書かないのですか」と質問されたこともあるほどです。こうしたことを踏まえると、小数や分数の導入としての図５、図６でも、やはり順にℓ(リットル)、m（メートル）などの単位を付けて扱ったほうがよいかもしれません。

単位の問題は決して簡単なことではありません。たとえば高校で角度の180°を「π」と表す方法を学びますが、これは正式には、

$180^\circ = \pi$（ラジアン）

のことです。主に理系への進学を希望する高校生が学習してつまずくことのあるものですので、注意が必要です。

では、次項から小数、分数をゆっくり見ていくことにしましょう。

1－6　小数の掛け算・割り算

「3.2＋1.1＝0.43」

こんなとんでもない計算をしてしまう中学生がいることは、拙著『数学的思考法』でも取り上げました。ですから小数の足し算・引き算も配慮すべきなのですが、それらは前項で述べたような小数の導入部分がむしろ「鍵」になっています。小数の計算におけるつまずきの核心は、やはり掛け算・割り算でしょう。

まず、小数の掛け算についてですが、最初は「小数×整数」の導入のしかたが大切です。

5.96×23

ならば、5.96は0.01が596個あると考えます。そこで、

596×23＝13708

を先に求めます。そして、0.01が13708個あることから、137.08を導きます。この計算をたて書きの掛け算で行うとき、後から小数点の位置を2個分左へずらすのはそのためです。

$$\begin{array}{r} 5.96 \\ \times\quad 23 \\ \hline 1788 \\ 1192 \\ \hline 137.08 \end{array}$$

（2個分ずらす）

この、「小数点の位置を左へずらす」ということだけを機械的に覚えていると、冒頭のように、足し算に適用してしまう、という

ような間違いにつながるのです。ですから、なぜ小数点の位置をずらすのかという上のような理解が必要なのです。

次に、

5.96 × 2.3

のように、両方とも小数の場合を考えましょう。2.3を掛ける計算を、とりあえず23を掛けてしまうと、必要な分の10倍を掛けたことになります。だから後から、その結果を10で割らなくてはなりません。すなわち、

5.96 × 23 = 137.08

を求めてからそれを10で割り、13.708を導くのです。その計算をたて書きの掛け算で行うときは、後から小数点の位置を左へ1個分ずらすことになります。

ここで、教科書ではあまり見かけない大切なことを述べましょう。それは、上記のことからも想像できますが、小数の掛け算で難しいのは小数点の位置の決定です。もし、

5.96 × 2.3

を計算するのであれば、〈1−4 答えが大きく違ってしまうとき〉で述べたように、「概算」の考え方を適用します。すなわち、

6 × 2 = 12

を頭の中で求めてみるのです。こうすれば、1.3708、137.08、1370.8のような答えが出てきたときに、直ちに「怪しい」という気持ちをもつことでしょう。こ

の「概算」の考え方は、小数の掛け算・割り算ばかりでなく分数の掛け算・割り算でも役立つことは言うまでもありません。

次に小数の割り算についてです。

割り算がほかの演算（足し算、引き算、掛け算）と根本的に異なる点がひとつあります。それは、割っていく過程で「何の数が立つのか」という「見当」をつけなくてはならない、ということです。この「見当」に関してよいセンスを身につけるには、たくさんの練習が必要です。

もちろん、ここでいう練習とは「きちんと書く練習」なのであって、なぐり書きのような字を書いて答えさえ合えばよい、という練習ではありません。実は、中学校で習う因数分解、高校で習う高次方程式も、「見当」が根本にあり、それらの学習についても同じことが言えるのです。

小数の割り算も掛け算と同様に、小数点の位置が難しくなります。とくに掛け算と違って、余りの小数点の位置を間違えやすいものです。そのためにも、次のような簡単な例によって確かめることも心掛けるとよいでしょう。

（ア）　$0.6 \div 0.2 = 3$

　　　$6 \div 2 = 3$

（イ）　$0.07 \div 0.02 = 3 \cdots 0.01$

$0.7 \div 0.2 = 3 \cdots 0.1$

$7 \div 2 = 3 \cdots 1$

（ア）の２つの式から確かめられることは、小数の割り算で割り切れる場合、割る数も割られる数も10倍すると商は同じだということです。10倍が100倍になっても1000倍になっても同じことは明らかでしょう。次の例のように、たて書きの割り算で、割る数の小数点の位置を右へずらした分だけ割られる数の小数点の位置を右へずらして計算するのはそのためです。

$$
\begin{array}{r|l}
 & 0.426 \\ \hline
2.57 & 1.09482 \\
 & 1028 \\ \hline
 & 668 \\
 & 514 \\ \hline
 & 1542 \\
 & 1542 \\ \hline
 & 0
\end{array}
$$

一方、（イ）の３つの式から確かめられることは、小数の割り算で割り切れない場合、商を求めるところまでは割り切れる場合と同じですが、たて書きの割り算で計算したとき、余りの小数点の位置は元の位置に戻さなくてはならないのです。その理由は、

$$7 \div 2 = 3 \cdots 1$$

$$70 \div 20 = 3 \cdots 10$$

の2式を下図のように視覚的にとらえてみると、割る数も割られる数も10倍すると、商は同じでも余りは10倍になることからすぐわかります。もちろん、10倍が100倍になっても1000倍になっても同じことは明らかでしょう。

図1

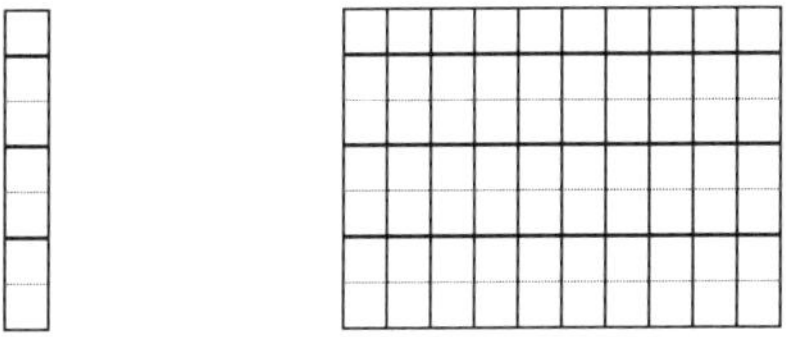

$7 \div 2 = 3 \cdots 1$　　　　$70 \div 20 = 3 \cdots 10$

ですから、余りの小数点の位置は、割る数も割られる数も10倍にして計算したときは左に1個分戻し、割る数も割られる数も100倍にして計算したときは左に2個分戻し、……というようにしなくてはなりません。具体的に見てみましょう。

「$7.232 \div 8.81$」を筆算で行うとき、割る数に合わせて7.232と8.81の両方を100倍します。そうすると、0.82という商が出てきます。このとき、$723.2 \div 881$

なら余りは0.78ですが、割る数も割られる数も100倍したのですから、余りの小数点は、左に2個分戻さなくてはなりません。すなわち、

　$7.232 \div 8.81 = 0.82 \cdots 0.0078$

となります。これをたて書きの割り算で確かめると次のようになります。

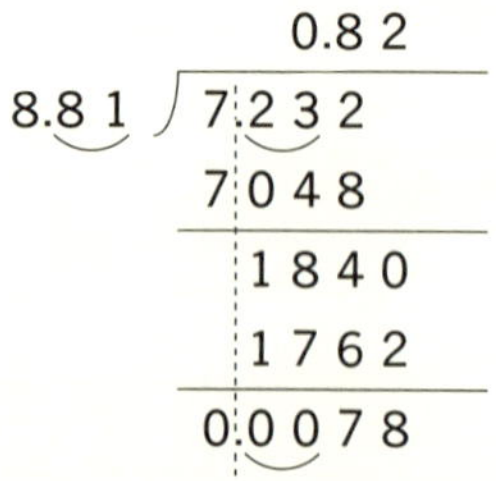

　余りの小数点の位置に困ったら、商（0.82）に割る数（8.81）を掛け、その積（7.2242）を割られる数から引く、という手もありますが、上記のような計算の道筋を理解しておくことは非常に大切なのです。

1－7　分数の通分・約分と帯分数

「$\frac{1}{2}+\frac{1}{3}=\frac{2}{5}$」

こんなふうに分母どうし・分子どうしを足してしまう大学生がいます。これも、意味も理解させないで「やり方」だけで乗り越えさせる教育の「成果」でしょう。分数の足し算・引き算に関しては、小数と同じように分数の導入部分、とくに「通分」が「鍵」なのであって、分数の計算におけるつまずきの核心は、やはり掛け算・割り算でしょう。

その理由をひと言で述べると、「分数の足し算・引き算は直線的に理解できるものの、分数の掛け算・割り算は平面的に理解しなくては苦しい」ということです。その意味を説明する前に、中学生が学習する「距離」について少し触れたいと思います。

図1と図2を比べてみて下さい。どちらもAB間の距離は13ですが、図1のそれは簡単にわかっても、図2のそれがわかるためには三平方の定理（ピタゴラスの定理）が必要です。

図1

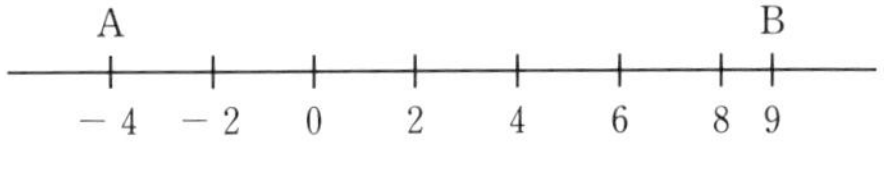

図2

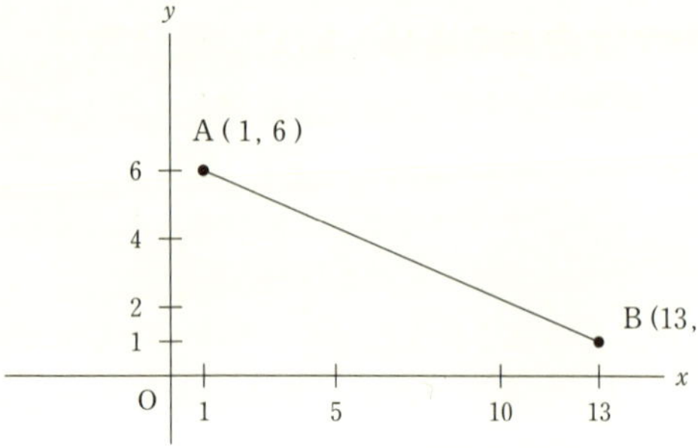

1次元（直線上）の距離はつまずかなくても、2次元（平面上）の距離になるとつまずいてしまう中学生が多くなることからも、「直線的な理解」と「平面的な理解」には大きな違いのあることが想像できるでしょう。そのようなことを踏まえたうえで、分数の通分や約分を取り上げてから、次項以下で分数の掛け算・割り算について説明することにします。まず、

$$\frac{2}{3}=\frac{4}{6}=\frac{6}{9}$$

を視覚的に理解するために次の図を見てみましょう。

図3

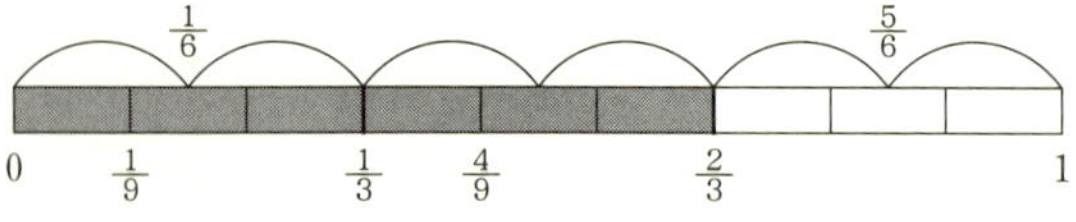

3個に均等に分けたうちの左から2個分である$\frac{2}{3}$は、6個に均等に分けたうちの左から4個分でもあり、9個に均等に分けたうちの左から6個分でもあります。それは、最初に3個に均等に分けたものそれぞれを2個あるいは3個に均等に細分化してみると理解できます。それが意味することは、

$$\frac{2}{3}=\frac{2\times 2}{3\times 2}=\frac{2\times 3}{3\times 3}$$

すなわち、

$$\frac{2}{3}=\frac{4}{6}=\frac{6}{9}$$

ということです。ほかの分数についても同じように考えれば、「分数は分母・分子それぞれに同じ数を掛けても、数の大きさとしては変わらない」ということがいえます。2つの分数を比べたり、和や差を考えるとき、この性質を使って両方とも同じ分母にそろえればよい。それが「通分」です。

今度は、いま述べたことの逆を考えてみましょう。6と4はともに2の倍数です。そこで図3において、6個に均等に分けたものそれぞれを左から2個ずつまとめてみると、結局、6個に均等に分けたうちの左から4個分は、3個に均等に分けたうちの左から2個分になります。また、9と6はともに3の倍数であることに注目して同様に行えば、9個に均等に分けたうちの左から6個分も、3個に均等に分けたうちの左から2個分になります。それが意味することは、

$$\frac{4}{6}=\frac{4\div 2}{6\div 2}=\frac{2}{3}$$

$$\frac{6}{9}=\frac{6\div 3}{9\div 3}=\frac{2}{3}$$

ということです。ほかの分数についても同じように考えれば、「分数は、分母と分子の共通の約数でそれぞれを割っても、数の大きさとしては変わらない」という「約分」の性質がいえます。

最後に、帯分数《たいぶんすう》の意義について述べておきます。

海外では、日本の「3.14」と同じように円周率の代用として仮分数《かぶんすう》「$\frac{22}{7}$」を使うことがありますが、これを帯分数に直すと、

$$\frac{22}{7}=3\frac{1}{7}$$

となります。このように仮分数を帯分数に直すことに対して疑問をもつ人が多く、「分数の掛け算・割り算では、帯分数は仮分数にいちいち直さなくてはならない。また、中学校以上で $2\times a$ を $2a$ と書く記法とも混乱する。帯分数は教えないほうがよいのではないか」と言われることがしばしばです。

たしかにうなずける指摘ですが、ただ、ここには「だいたいいくつぐらいの数なのか」を知ることへの配慮が欠けています。〈1−4〉で述べたように、数の大きさをおおまかに把握する「概算」はとても大切なものです。その意味で、整数部分が目安になる帯分数の表示は、小学生にとってはとても有効なのです。

1－8　分数は掛け算も難しい

「分数の掛け算は難しくない」という大人は多いでしょう。でも考えてみて下さい。「分数の掛け算ではなぜ分母どうし・分子どうしを掛ければよいのか？」。これを説明できるでしょうか。

前項で、「分数の掛け算・割り算は平面的に理解しなくては苦しい」と述べました。本項では、「平面的に理解する方法」などを使って、まずは分数の掛け算から説明していくことにしましょう。

最初に、具体的な掛け算を考えます。

$$\frac{2}{3}\times\frac{4}{5}=\frac{2\times 4}{3\times 5}$$

１辺が１mの正方形を想定し、その中に横と平行な直線を$\frac{1}{3}$m間隔で引き、たてと平行な直線を$\frac{1}{5}$m間隔で引きます。

図１

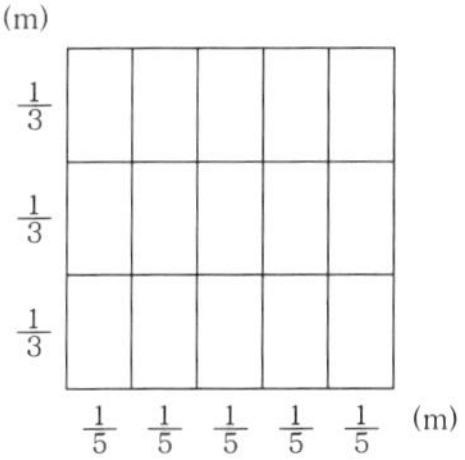

すると、正方形の中には全部で、

3 × 5 ＝15（個）

の同じ形の長方形ができます。それらすべてからなる正方形の面積は 1 m^2 なので、1つの長方形の面積は $\frac{1}{15}\,\mathrm{m}^2$ となります。これをもとにして考えると、

$$\frac{2}{3} \times \frac{4}{5} = \frac{2 \times 4}{3 \times 5}$$

が成り立つことはやさしく理解できます。実際、図2において色の濃い部分は 2 × 4 個の小さい長方形から成り立っているからです。

図2

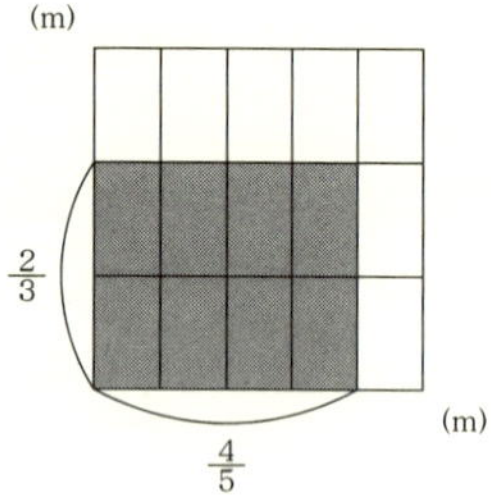

また、

$$\frac{2}{3} \times \frac{7}{5} = \frac{2 \times 7}{3 \times 5}$$

$$\frac{2}{3} \times 2 = \frac{2}{3} \times \frac{2}{1} = \frac{2 \times 2}{3 \times 1}$$

なども、次の図3、図4を見れば同様に理解できるでしょう。

図3

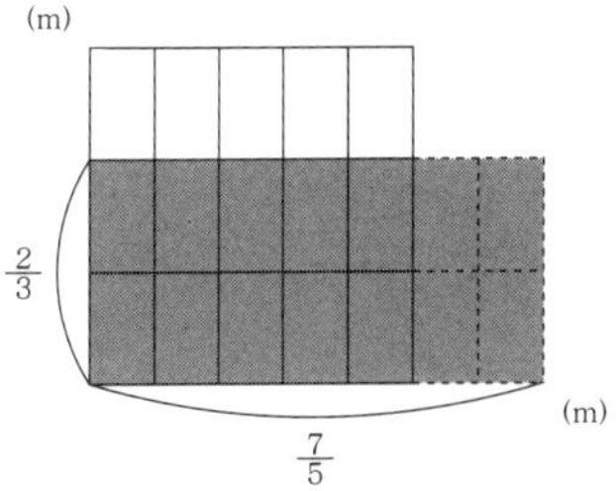

図4

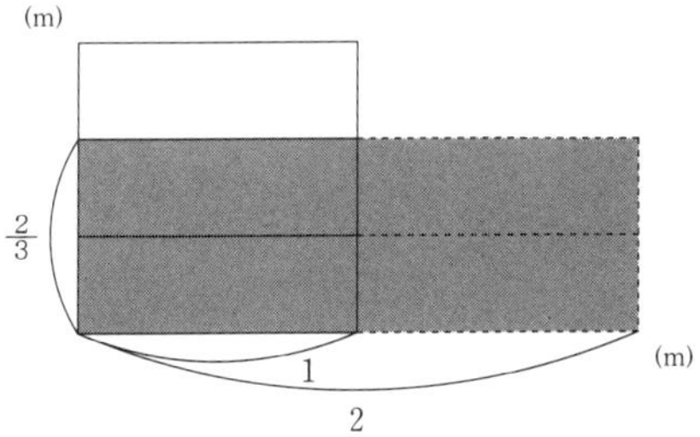

このように理解することによって、「分数の掛け算では、分母どうしと分子どうしをそれぞれ掛ければよい」という一般的な性質がわかります。

機械的な「やり方」を教える前に、このような平面図を使った説明をぜひ行っておくべきでしょう。

1－9　「分数で割る」とはどういう意味か

宮崎駿《はやお》さんプロデュースのアニメ映画『おもひでぽろぽろ』の主人公の女性は、小学生の頃から「分数で割るときは分子と分母を入れ替えて掛ければよい」というのがどうにも納得できなくて、大人になってもその疑問を引きずるのだそうです。私はこのアニメを見ていませんが、たしかに「分数の割り算」は大人をも悩ます「難題」のひとつであるようです。

まず「割る」ということからおさらいしましょう。

小学生に最初に割り算を教えるときの「定番」は、「○個のリンゴを△人に分けます。1人何個になるでしょう」とか、「○個のキャンディを△個ずつ袋につめました。袋はいくつになりますか」といったものでしょう。これで問題はありませんが、すぐにわかるように、この例は分数では使えません。どれも〈1－5〉で述べた「個数としての数」、すなわち離散的な数字だからです。

分数は連続的な数字ですから、例を挙げるなら「量としての数」でしょう。ある量をある量で割る、と考えればいいのです。たとえば、丸形のケーキやピザのような、切り分けやすいものを考えてみます。

1枚のピザを4等分すると、$\frac{1}{4}$のピザが4つできます。ですから、

$$1 \div \frac{1}{4} = 4$$

は、「1枚のピザを$\frac{1}{4}$ずつ分けるとしたら4人に配れる」と説明できます。

これを拡張して文章題にするとしたら、たとえば「同じ大きさの3枚のピザをそれぞれ4等分しました。切り分けたピザを1つの皿に3切れずつ乗せていくと、皿は何枚になりますか？」という問題がつくれるでしょう。答えは切り分けたピザの絵を描いてやれば「12÷3」で簡単に出てきますが、小学生でもわかるように、次のような分数を含んだ式にして説明してやります。

$$3 \div \left(\frac{1}{4} \times 3\right) = 3 \div \frac{3}{4} = 4$$

このような具体例をいくつか示すのです。ほかに量としての数字を使うなら、$\frac{1}{5}\,\ell = 200\,\mathrm{m}\ell$とか、もし時間や時計の見方を理解している子どもなら$\frac{1}{3}$時間＝20分といった、細分化した単位をもつ例を使うことも有効かもしれません。いずれにせよ、何通りか複数の方法で説明することが重要でしょう。どんなヒントが理解しやすいのかは、人それぞれだからです。

では、「分数の割り算では割る数の分母と分子を入れ替えて掛ければよい」は、どうすれば納得できるでしょうか。これも複数の方法で説明してみましょう。

先に挙げたピザの例からも、ある程度は説明が可能です。

1枚のピザを$\frac{1}{4}$で割るという式は、

$$1 \div \frac{1}{4} = 4$$

ですが、これから次のように考えることができます。

$$1 \div \frac{1}{4} = 1 \times \square$$

とおいてみると、

$$1 \times \square = 4$$

となるので、

$$\square = \frac{4}{1}$$

次に、3枚のピザを$\frac{3}{4}$で割るという式は、

$$3 \div \frac{3}{4} = 4$$

ですが、これから次のように考えることができます。

$$3 \div \frac{3}{4} = 3 \times \square$$

とおいてみると、

$$3 \times \square = 4$$

となるので、

$$\square = \frac{4}{3}$$

これで「どうやら『分母と分子を入れ替えて掛ければよい』というのは本当らしい」と思えるでしょう。

ここまで扱った割り算は、答えが整数になるものでした。さらに一般的な分数の割り算を理解する方法を

2つ紹介します。どちらの方法も、具体的な割り算、

$$\frac{5}{7} \div \frac{3}{4} = \frac{5}{7} \times \frac{4}{3} = \frac{20}{21}$$

から説明します。

最初の方法は、

$$\frac{5}{7} \div \frac{3}{4} = \square$$

とおいて、両辺の右から$\frac{3}{4}$を掛けます。すると、

$$\frac{5}{7} \div \frac{3}{4} \times \frac{3}{4} = \square \times \frac{3}{4}$$

$$\frac{5}{7} = \square \times \frac{3}{4}$$

となります。さらに両辺の右から$\frac{7}{5}$を掛けると、

$$\frac{5}{7} \times \frac{7}{5} = \square \times \frac{3}{4} \times \frac{7}{5}$$

$$1 = \square \times \frac{3 \times 7}{4 \times 5}$$

$$\square = \frac{4 \times 5}{3 \times 7} = \frac{4}{3} \times \frac{5}{7} = \frac{5}{7} \times \frac{4}{3}$$

となります。したがって、$\frac{5}{7}$を$\frac{3}{4}$で割ることは$\frac{5}{7}$に4と3を取り替えた$\frac{4}{3}$を掛けることになります。このように理解することによって、「分数の割り算では、割る数の分母と分子を入れ替えて掛ければよい」という一般的な性質がわかることでしょう。

もうひとつの方法は、通分の概念と長方形の面積を用いるものです。まず、

$$\frac{5}{7} \div \frac{3}{4} = \frac{5 \times 4}{7 \times 4} \div \frac{3 \times 7}{4 \times 7}$$

というように、割られる分数と割る分数の分母を両方の積にそろえます。

$$\text{上記右辺} = \frac{20}{28} \div \frac{21}{28}$$

となりますが、

$$\frac{20}{28} \div \frac{21}{28} = \frac{20}{21}$$

が成り立つことを図1によって理解します。

図1

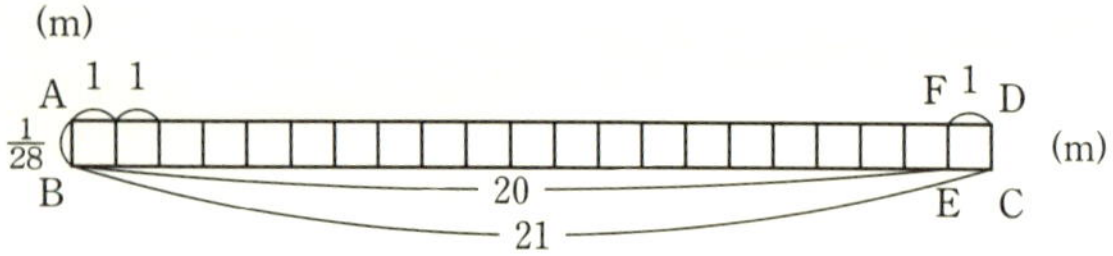

$$\frac{20}{28} \div \frac{21}{28}$$

＝長方形ABEFの面積 ÷ 長方形ABCDの面積

＝（長方形FECD 20 個分の面積）

÷（長方形FECD 21 個分の面積）

＝ 20 ÷ 21

となるからで、さらに、

$$\frac{20}{21} = \frac{5 \times 4}{7 \times 3} = \frac{5}{7} \times \frac{4}{3}$$

となります。したがって、$\frac{5}{7}$を$\frac{3}{4}$で割ることは$\frac{5}{7}$に4と3を取り替えた$\frac{4}{3}$を掛けることになります。このように理解することによっても、「分数の割り算では、割る数の分母と分子を入れ替えて掛ければよい」という一般的な性質がわかることでしょう。

さて、上の説明で注意したいことがあります。

$$\frac{5}{7} \div \frac{3}{4} = \frac{5}{7} \times \frac{4}{3} = \frac{20}{21}$$

を2つの方法で説明しましたが、どちらも分数どうしの掛け算の性質を使っています。もっと大切なのは、割る数の$\frac{3}{4}$だけを取り出して説明しているのではなく、割られる数の$\frac{5}{7}$とセットにして説明していることです。結論として「$\frac{3}{4}$で割ることはその分母と分子を入れ替えた$\frac{4}{3}$を掛けること」を得ましたが、決して$\frac{3}{4}$だけで議論したのではありません。

そこが大人をも悩ます分数の割り算に関する混乱の原因です。$\frac{3}{4}$の代わりに$\frac{1}{3}$で割ることは、$\frac{3}{1}$すなわち3を掛けることになりますが、$\frac{1}{3}$だけで議論しようとすればするほど悩んでしまいます。割られる数と一緒に考えることが解決の鍵となるのです。

最後に、整数全体の世界に割り算を導入すると分数全体の世界になります。専門の数学ではそれを少し一般化させて、「整域の世界に割り算を導入すると商体の世界になる」といいますが、多くの学生は「かなり難しい概念だ」と文句を言います。理解しないまま卒業していく者もかなりいます。しかし、この概念を理解することは、小学生が分数を理解することと本質的に同じなのです。かつて私は、「商体がさっぱりわかりません」と言ってきた学生に、「分数を知らない小学生に、分数の最初から四則演算までを教えてごらんなさい。それができれば商体は理解したも同然です」と答えたことがあります。それは決して嫌味ではなく、事実なのです。ひょっとすると大人たちは、「分数」という非常に難しい概念をすべての小学生に教え込もうとしているのかもしれませんが。

ただ、『カジョリ初等数学史』(共立出版) によれば、いまから4000年ほど前の古代エジプトのパピルスに、すでに次のような「分数」の記述があったそうです。

$$\frac{2}{65}=\frac{1}{39}+\frac{1}{195}$$

『分数ができない大学生』(東洋経済新報社) の分担執筆者のひとりである私としては、複雑な心境に追い込まれています。

1−10　計算の規則を身につけるには

まえがきにも書きましたが、本書を執筆する前に多くの学生、大学院生、教員の方々から算数・数学のつまずきに関するいろいろな情報を集めました。その中でもっとも驚いたのは、

「16÷４÷２＝８」

と計算する〝中学生〟が結構いる、ということです。

この間違いは「４÷２」を先に行うことによるものですが、こんな奇妙な計算をしてしまう原因のひとつに小学校算数の教科書の記述があります。主要６社の教科書を調査した結果を踏まえて、３つの観点から説明しましょう。

まず、「計算はカッコや混合計算に関する特例を除き、前から行う」という原則の説明が見当たらなかったり、あっても１ヵ所だけにすぎなかったりします。「カッコはひとまとめ」、「×÷は＋−より優先」などを説明する部分で、ひと言、「計算は前から行うことが原則ですが、」という文を入れるべきでしょう。およそ規則というものは、大人でもさんざん言われてはじめて身につくものなのですから。

２番目の問題は、

□÷○÷△

という計算問題が、１年生用から６年生用まで６社す

べての現行の算数教科書を見ると、1社を除けば各社ともたった1題しかないということです。

それだけではありません。

4＋3，11－4，7×6，12÷3

などの2項の計算練習問題はたくさんあるものの、

4＋3－1，12×3÷4，6＋8÷2

といった3項（以上）の計算練習問題が非常に少ないのです。実際、東京・錦糸町にある教科書研究センターで×と÷だけのものを調べてみたところ、1970年前後の算数教科書には全学年合計で3項以上の練習問題が100〜140題あったのに対して、現行のそれは20〜40題になっていました。ちなみに1970年前後の算数教科書には、「□÷○÷△」の計算問題も10〜20題ありました。

このような現状では、独自の練習プリントをつくる現場の教員が見逃してしまってもしかたがないかもしれません。

3つめは結合規則の記述です。

（□＋○）＋△＝□＋（○＋△）

（□×○）×△＝□×（○×△）

という結合規則が一般に成り立つという指摘はどの社の教科書にも必ずあります。ところが、

（□－○）－△＝□－（○－△）

（□÷○）÷△＝□÷（○÷△）

という結合規則が一般に成り立たないことの記述は、どの社の教科書にもありません。

教科書に記述がないため、親や教員が子どもに対してこうした計算規則を指摘する必要性に気づかないのもやむをえないかもしれません。ただ実際は、3項(以上)の計算練習をいろいろ行って初めて、さまざまな計算規則が身につくものなのですが。

インドの算数の教科書では、×÷は＋－より優先させるという規則の導入部分で、それを無視するとどのような誤りが起こるのかという事例を挙げていますが、日本の教科書にはそれもありません。

上で指摘したように、結合規則は引き算や割り算では成り立ちません。どうも日本の教科書は、ものわかりのよい優秀な子どもを対象にして記述してあるようで、一般に「反例」がきわめて少ないのです。優秀な子どもならば反例を自ら挙げながら学習できるかもしれません。あるいは進学塾で「練習」する子も多いのでしょう。そうでない子どもにそれを要求するには無理があります。周囲の大人は、なるべくそのあたりを注意して指導するべきでしょう。

中学校では、

$$\sqrt{2}+\sqrt{2}=\sqrt{4}=2$$

という奇妙な計算をしてしまう生徒がたくさんいます(正解は $2\sqrt{2}$)。その原因を探ると、数式が成り立つか否かを反例を意識して吟味することなしに、あいまいな記憶をたどって軽率な式変形をしてしまうことにあるようです。こういう悪い癖はおそらく小学校の頃から身についていたはずです。

1−11　時間の理解には時間が必要

小学校低学年のわが子をほかの子と比べたとき最も気になる点のひとつが、「時間・時刻の概念を理解しているか」ということのようです。それだけに、わが子が時間・時刻をなかなか理解しないと思っている親はストレスを感じ、それが子どもに悪影響を及ぼしています。こんなことで、子どもの可能性の芽を摘んでしまってはいけません。

どんなことであれ、「理解する」ことは容易ではなく時間が必要です。それを最も強く訴えたいのが、この時間の概念です。「無理を承知で教えているのが時間。いずれ大人になれば理解している概念」と開き直った気持ちをもって、生活の中で少しずつこまめに理解させてほしいものです。ただしそのとき、親自身が時間・時刻の概念はなぜ難しいものなのかをよく認識していることが大いにプラスになります。以下、それについて3つの観点から説明しましょう。

かつて2進法は、小中学生にも教えられたことがありました。多くの子どもたちは意味を理解することもなく10進法の数字を2進法に、2進法の数字を10進法に変換する「やり方」だけを覚えて終わりにしたようです。実際、10進法の数の世界を十分に理解していない子どもにとって、それはしかたのないことなのです。時間も同様です。60秒が1分、60分が1時間というように、時間の世界は基本的に60進法です。2進法の世界が難しいように、60進法の世界もやさしいものではないのです。まず第一に、この点を認識しておくことです。

第二に、現代の子どもたちにはさらに不利な点があります。〈1−5 個数としての数、量としての数〉の項で、離散的な数と連続的な数の違いを乗り越えることは小学校低学年の子どもにとって容易ではないことを述べました。デジタル時計は離散的な数の表示です。一方、長針と短針で時刻を表す従来のアナログ時計は連続的な数の表示と見なせます。両方の時計が混在している現在は、ひと昔前と比べて時間・時刻の理解はより難しくなっているのです。

3つめもデジタル時代に関することがらです。

数学科の学生が習う項目のひとつに、「整数の合同」というものがあります。2つの整数a、bと自然数（正の整数）nに対し、$a-b$がnの倍数のとき、「aとbはnを法として合同」といいます。たとえば、「7と2は5を法として合同」、「1と23は11を法として合同」などが成り立ちます。

時計では、17時は午後5時のことで、20時は午後8時のことです。それらの本質は、「17と5は12を法として合同」、「20と8は12を法として合同」ということです。

デジタル時計がほとんどなかった時代には、「12を法として合同」という概念は不要でした。そして普通は、13時、14時、…、23時などの表現は、日常アナログの時計を見ることによって12時までの時刻を十分に理解し、しばらく経ってから理解したものです。それが現在では、デジタル時計が広く普及しているために、「12を法として合同」という概念の理解も一緒に要求されているのです。もちろん、「法として合同」などという言葉を使うわけではありませんが、12を足したり引いたりして時刻を表現する習慣も一緒に理解しなくてはならないわけです。

以上に述べたようなことを踏まえると、「時間・時刻の概念はわざわざ小学校低学年で教えなくてもよいのではないか」という意見も出てくることでしょう。しかし、日常生活で時間・時刻の概念は根幹的なものであるばかりか、重要な「速さ」の概念を導入するためにも必要です。ですから小学校低学年のうちから時間をかけてゆっくり理解できるように、「そもそも難しいもの」なのだから決してあせらず、日常生活の中でこまめに時間・時刻に触れさせてやることです。

1−12 「文章題から式をつくれない」

〈1−1〉の項で、100までの数字をすらすら言えるのに人数や物の個数が数えられない子どもについて述べました。それとよく似たことですが、100以下で収まる足し算や引き算、あるいは掛け算九九やその範囲内での割り算が即座に答えられるのに、次のような簡単な文章題ができない小学2、3年生が増えています。

「9つの客室がある旅館で、どの客室にも6人の客が泊まっています。全部で何人の客がその旅館に泊まっていますか？」

ここから、「9×6＝54」という式が導き出せないのです。このような現象を示す子どもは、離散的な数の概念は理解しています。もちろん、掛け算九九も速く正確に言うことができます。ではなぜ、文章題になったとたんにできなくなってしまうのでしょうか。

よく、「そのような子どもは国語力に問題があるのではないか」と言う人がいます。しかしながら、客室、旅館、全部、何人などの単語の意味はつかんでいる子でもこういう問題でつまずいているのです。本好きでいつも長い文章を読みこなしているのに、算数の文章題になると迷ってしまう子どももたくさんいます。ですから核心は国語力の問題ではありません。

計算はできるのに文章題が苦手な子どもは、四則演算それぞれの意味をあやふやにつかんでいるのです。すなわち、「やり方を覚えて処理する」計算だけはできるものの、身近で具体的な例による四則演算の認識が極端に不足しているのです。

上で紹介した文章題では、文を読むことによって9×6あるいは6×9が出るかどうかが鍵になります。そのためには、6個ずつビスケットが乗っている9枚の皿を見ることにより、9×6あるいは6×9が自然と出てくるような「生活体験」が必須でしょう。

もちろん、「ビスケット」と「皿」だけではいけません。さらに、1本が9cmの棒を直列に6本つないだときの全体の長さを求めたり、1分間に6人が出てくる出口での9分間に出る合計人数を求めたりするような、連続的な数もからめた生活上の話題も必要です。それらを総合的に行って、どれからも9×6あるいは6×9が自然と出てくることにより初めてその掛け算をマスターしたことになるのです。同様に、+も−も÷も日常生活とからめて使うことを「体験」して初めて、その意味を理解できたことになります。

ところで四則演算の概念理解は、大人にとっては退屈でやさしいことだと普通は思われることでしょう。しかしながら、四則演算の概念をしっかり理解していれば、わざわざ難解な数式をもち出さなくても済む話がいくつもあります。たとえば「保険数学」。保険数学は、平均余命や生命保険料や年金額などを確率や微積分を用いて算出したりする実用的な数学の一分野ですが、その中のひとつに、次のような具体例を一般化したただけの項目があるのです。

> あるスーパーマーケットの客の平均買い物時間は30分。そして、1分間に3人の客が入り、1分間に3人の客が出て行く状態が続いているとする。このとき、スーパーマーケットには、おおよそ
>
> 30分÷20秒＝90（人）
>
> の客がいることになる（図1参照)。

図1

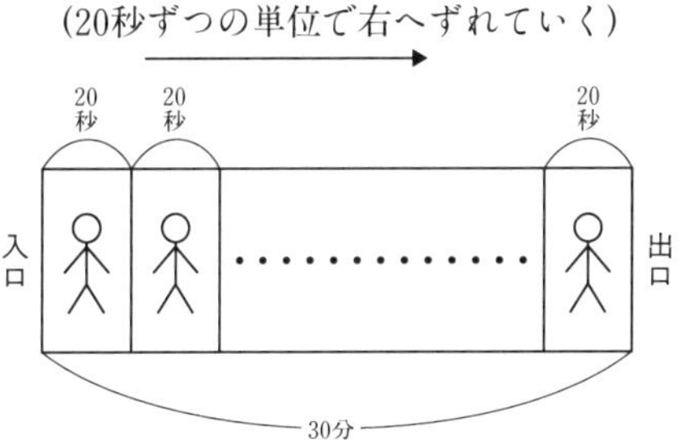

積分記号など用いなくても、たった1回の割り算で済むのです。たかが四則演算であっても馬鹿にはできないことがわかるでしょう。とくに子どもにとっては、それは決して侮《あなど》ってはならないことなのです。

1—13　速さと「は・じ・き」

私の周りにいる数人の数学者に「『は・じ・き』あるいは『み・は・じ』を知っていますか」と尋ねたところ、みんな「知りません」という返事でした。同じ質問を有名私立中学の受験勉強をしている子どもたちにすれば、間違いなく馬鹿にされてしまうでしょう。

「は・じ・き」「み・は・じ」とは図１のように表すもので、

　　はやさ×じかん＝きょり（みちのり）

を覚えるためのものです。

図１

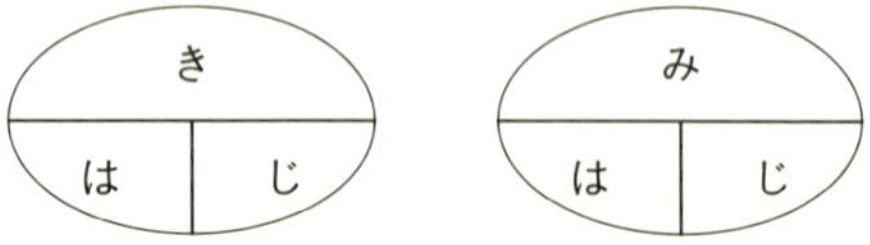

（ア）　　　　（イ）

およそ「速さ」というものは、「単位時間当たりにどれだけの距離を進むのか」と自問すれば自然に思い出すものであって、「は・じ・き」などを覚えることは必要ありません。「３時間に120km進んだということは1時間に40km進む速さのことだ」、あるいは「1時間に40km進む速さだとすると、3時間に120km進むことになる」というように自問すればよいのです。なお、そのように自問するときは、〈1−3 検算の大切さ〉の項で余りのある割り算の検算式を導く方法を示したように、なるべく扱いのやさしい数値を用いるべきでしょう。複雑な数値に神経を使うぐらいなら、速さの本質だけに神経を集中したほうがよいからです。

「やり方」だけ機械的に覚えて先に進む学習法を繰り返していくと、必ずどこかで大きなつまずきに直面することは、これまで本書で述べてきたことからも理解できることでしょう。何年か前の有名国立大学の入試で、中学校で学習する2次方程式の解（根）の公式を導かせる証明問題や、高校で学習する三角関数の加法定理を導かせる証明問題が出題されて話題になったことがあります。「やり方」だけで次々と進む学習法に潜む本質的な問題点を突いた良問だと私は考えますが、それを「速さ」を学習している小学生への指導に、次のように活かしたいものです。

「『速さ』と『時間』をかけるとどうして『距離』になるのか、説明してみない？　できるなら、その説明を作文にしたらどうかな？」

　荒削りな説明文でもいいのです。このような質問に対して前向きに努力する姿勢を評価して、説明文を書くことに対して意欲的にさせたいものです。そして、子どもが書いた説明文を見るときには、「単位時間当たりに進む距離」という「鍵」をとらえているかどうかに最も注目すべきで、ほかの記述に関しては甘めに対応しても構わないのではないでしょうか。

もし、その鍵をとらえているならば、単位量当たりで測るさまざまなものの理解はどれも簡単なものになるでしょう。1kg当たりの値段、1km^2当たりの人口、歯車の1分当たりの回転数……等々。

「速さ」に関する問題を「は・じ・き」の丸暗記だけで乗り切っている場合、ほかの単位量当たりで測るさまざまな問題に直面すると、そのつど「は・じ・き」のようなものを探したくなってしまいます。

最後にひとつ具体例を。

ポイントの近くやロングレール部分を除くと、在来線の線路に使われるレールの基本は1本あたり25mの長さです。ガタン、ゴトンという線路と線路のつなぎ目での衝撃音が、乗車している列車で1分間に60回聞こえたとすると、1分間に、

$$60 \times 25 = 1500 \text{ (m)}$$

進んだことになります。したがって、その列車の速度は時速90kmになります。1分間に70回聞こえたならば時速105kmになりますが、このような話を旅先ですると、子どもたちばかりでなく大人にも喜ばれます。参考までに、在来線の1車両の長さは20mですが、一部の私鉄では18mや16mの車両もあります。

1―14　平均は「足して個数で割る」でよい？

「平均とは？」と尋ねると、「足してその個数で割る」というように答える子どもたちが大多数です。たしかに、3人の身長が140cm、150cm、142cmのとき、それらの平均は、

$$(140+150+142)\div 3=144\ (\text{cm})$$

となります。これは、数学用語で140と150と142の「相加平均」を求めたことになります。

一方、「片道が60kmの道路を、行きは2時間かけて、帰りは1時間かけて戻ってくる自動車があります。自動車の行き、帰り、および往復の平均速度を求めましょう」と質問すると、行きの時速30km、帰りの時速60kmまでを求められる生徒たちでも、往復となると2つに分かれます。

ひとつは、30と60の相加平均、

$$(30+60)\div 2=45$$

を計算して、時速45kmという誤った答えを出す子どもたち。

もうひとつは、「往復の平均速度の平均は、別のやり方の計算をするんでしょ。僕はひっかかりませんよ」などと言いながら、

$$60\times 2\div(2+1)=40$$

と、時速40kmという正しい答えを出す子どもたちで

す。これは数学用語で、30と60の「調和平均」、

$$\frac{2}{\frac{1}{30}+\frac{1}{60}}$$

を求めたことになります。要するに、往復の平均速度は行きの速度と帰りの速度の調和平均であって、それらの相加平均ではないのです。

いまは正答を出せなくても気にする必要はありません。このつまずきの問題の本質は、多くの子どもたちは身長としての「平均」と往復の速度としての「平均」が別々にあると信じている、ということにあるのです。実際、そのような子どもたちに次のような質問をすると、まごつくことがほとんどです。

「ある鳥の生息数を調査したところ、最初の1年間で100羽が150羽になり、次の1年で150羽が400羽になりました。2年間を平均すると、1年に何倍になっているでしょうか」

この質問では、最初の1年間で$\frac{3}{2}$倍になり、次の1年間で$\frac{8}{3}$倍になるとき、2年間では

$$\frac{3}{2}\times\frac{8}{3}=4\ (倍)$$

になっています。同じ数を2回掛けて4になるのは2です。したがって2年間を平均すると、1年間で2倍になっているのです。これは数学用語で$\frac{3}{2}$と$\frac{8}{3}$の「相乗平均」を求めたことになります。ちなみに$\frac{3}{2}$と$\frac{8}{3}$の相加平均と調和平均を求めると、それぞれ$\frac{25}{12}$と$\frac{48}{25}$にな

ってしまいます。

また、この問題と解答を読んだ子どもは、

「最初の1年間に△倍になって、次の1年間に□倍になった場合の平均は、

△×□=○×○

という式から○を出すとよい」と個別的に覚えようとしてしまうかもしれません。

結局のところ、「平均」という言葉の最初の導入で、ボタンのかけ違いがあったのです。次のように導入していれば、唯一の「平均」だけで済むことになるはずです。

平均とは「全体をならす」という意味です。でこぼこの土地があれば、全体を平らにならすと考えます。自動車で移動するときは、全体の区間をずっと同じ速さで走っていると考えます。また、1年間ごとに前年と比べて何倍になったかの様子を観察しているときは、観察している全部の期間を通じて、毎年同じ倍数で増えていくと考えます。それが「平均」の本当の意味なのです。

「行きは時速30kmで走り、帰りは時速60kmで走る自動車があります。その自動車の往復の平均速度を求めなさい」という問題の答えとして時速45kmを出す生徒は、おそらく上記のような説明を聞いたことがないのでしょう。「平均」の本当の意味を教え直してやることが大切です。

1―15　用語（定義）を誤解していないか

　ある高校生が「放物線という以上、頂点が上になくてはいけないと思いますが？　物を投げたときに頂点が下にあるような線は描きません」と困った質問を教師にしたという話を聞いたことがあります。もっともこれはジョークですが。しかし高校生なら冗談になる用語の扱いも、小学生にとっては一大事になることがあります。とくに多いのが図形に関する用語です。

　小学校低学年で習う長方形を「長しかく」と表現する人がいます。「長方形は4つの角が直角な四角形」なので、正方形ももちろん長方形です。ところがその親しみやすい言葉が災いして、正方形が長方形であることに違和感をもつ子どもたちが多いのです。この「長しかく」という用語の対策をきちんとしておけば、あとあとの用語の混乱はかなり防げるでしょう。

　たとえば、「台形は1組の向かい合う辺が平行な四角形」です。したがって、図1のように「台」を想像できない図形も台形です。

　もちろん正方形も台形ですが、これに納得しない生徒については、二等辺三角形を理解しているかどうかも疑うべきです。その定義は「2つの辺の長さが等しい三角形」ですが、2つの辺の長さが等しければもう1つの辺の長さはどうでもよいのです。長方形のあと

図1

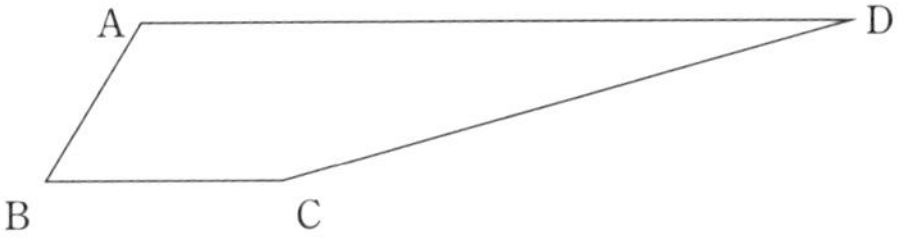

(辺BCとADは平行)

に学習する二等辺三角形の導入時に、そのあたりのことをきちんと理解していたかどうかが問われます。

また、平行四辺形は「2組の向かい合う辺が平行な四角形」、ひし形は「4つの辺の長さが等しい四角形」です。このように、小学校のときから「定義に忠実な心」をもてるようにしましょう。

さて、数学を学んでいくうえで最も重要な用語が「等号」です。ですから、等号記号「＝」の乱用は絶対に慎むべきです。たとえば、

「ミルク＋ケーキ＝3個」

のように、右辺が数値で左辺が数値でないものが等しくなることはありません。反対に、見た目は異なっていても等しい対象については堂々と「＝」を使う勇気をもつべきです。その例として、どうしても挙げなくてはならないものに「比」があります。

$$2 : 3 = 4 : 6$$

のように、0でない数a、b、c、dに対し、

$$\frac{a}{b} = \frac{c}{d}$$

のとき、aとbの比$a:b$とcとdの比$c:d$は等しいとするのです。そして、$\frac{a}{b}$を比$a:b$の「比の値」とよびます。

また、1.5と$\frac{3}{2}$は見た目は異なります。しかし、数値としてそれらは等しいので、

$$1.5=\frac{3}{2}$$

と書きます。

数学のノーベル賞といわれるフィールズ賞を受賞した先生から、こんな話を聞いたことがあります。

「学部の1年生に『$1=0.999\cdots$』は正しいですか、それとも誤っていますか、と質問したところ、3割ぐらいの学生が誤っているほうに手を挙げたんですよ」

右辺の無限小数を厳密に述べると、

$$0.9,\ 0.99,\ 0.999,\ \cdots$$

という数列の極限値、すなわち限りなく近づいていく行き先としての数値を$0.999\cdots$と表します。したがって、それは1と等しいのです（213ページ参照）。

定義に忠実な心をはぐくむ第一歩は、定義を正確に覚えることです。そこで大切なのは、意味もわからず単に丸暗記するのではなく、それが意味している具体例を想像しながら暗記することです。

1―16　比と割合を理解するには

私は小学生の頃、鉄道とプロ野球の大ファンでした。昭和37（1962）年に碓《うす》氷《い》峠用に登場した機関車EF63が押す列車に乗って、信州の親戚の家まで何度も旅行したものです。EF63の歯数比16：71などを通して、比の概念は自然と身につきました。同じように、「ミスター」長嶋の打率0.333（3割3分3厘）などを通して、割合の概念も身につきました。

割合 ＝ 比べられる量 ÷ もとにする量

という定義式を覚えることはたしかに必要です。ただそれ以上に大切なのは、子どもそれぞれに合った、身近で楽しい〝教材〟を探してやることでしょう。「好きこそものの上手なれ」なのです。

とは言っても、現実には「中学入試に出題される食塩水の濃度の問題を解けるようにさせたい」と思う親御さんもたくさんいることでしょう。当然この場合は、比べられる量が食塩の重さであり、もとにする量は食塩水、すなわち食塩と水を合わせた重さです。

実は、ここで大人でも誤解しやすい重要なことが2つあります。ひとつは、もとにする量は水だけでなく水に食塩を加えた重さだということ。もうひとつは、食塩水の濃度は重量比で考えていることです。ちなみに気体の濃度は小学生には範囲外ですが、この場合は基本的に体積比で考えます。

さて、割合を表す0.01を１%と書くことはよいとして、0.1を１割、0.01を１分、0.001を１厘で書くことに関して、注意しなくてはならないことがあります。それは、「九分九厘成功する」というときは「99%成功する」という意味だからです。割合を学びはじめた子どもにとっては迷惑千万な話ですが、日本の歴史として眺めると面白いことです。

私が小学校時代の先生からプレゼントされた本に、『大全塵劫《たいぜんじんこう》記《き》』という江戸時代の算術の教科書があります。その最初のほうに「小數（数）」の単位の説明があって、「分」「釐（厘）」「毫（毛）」という字が並んでいるのですが、「割」はありません。つまり「割」は、のちに割り込んできた概念なのです。こんな話を小学生にすると無用な混乱を招くと思われるかもしれませんが、むしろ積極的に話したほうが好奇心を高め、プラスになるのではないでしょうか。

ここで、「仕事算」の代表的な文章題を取り上げましょう。なぜ仕事算かといえば、よく知られる「つるかめ算」や「年齢算」「旅人算」などと違って、仕事算は方程式よりも割合や比の考え方を直接使って解くほうが適当だと考えられるからです。

仕事算の本質は、仕事全体の量を１と考えることにあります。この「1」は、もとにする量を仕事全体の量としたときの「割合１」のことです。では、問題のあとに続けて２つのタイプの解答を載せます。

【問題】太郎君だけで行うと10日間かかり、花子さんだけで行うと15日間かかる仕事があります。この仕事を太郎君と花子さんの2人で行うと、何日間で終わりますか。

【解答1】 $\frac{1}{10}+\frac{1}{15}=\frac{1}{6}$

$1\div\frac{1}{6}=6$　　　(答え) 6日間

【解答2】仕事全体の量を1とすると、太郎君は1日に全体の$\frac{1}{10}$行い、花子さんは1日に全体の$\frac{1}{15}$行うことになります。そこで、その仕事を2人で行うと、1日に全体の

$$\frac{1}{10}+\frac{1}{15}=\frac{1}{6}$$

行うことになります。仕事全体が1で、1日に$\frac{1}{6}$ずつ行うので、

$$1\div\frac{1}{6}=6$$

で、全部で6日間で終わることになります。

解答1は「算数」としては満点だと思う人がほとんどでしょう。しかし、いま子どもたちの「数学」的思考力、論理的説明力を養うために一番求められているのは、解答2のような〝作文〟の練習をすることです。比のような抽象的な概念の場合にはなおさら、みずから文章を書くなかで覚えることが重要なのです。

1−17 「面積の公式が正しく使えない」

基本的な図形の面積を正しく求められるようにすることは、小学校の算数において大変重要な課題のひとつです。ところが、いろいろな図形に対応して公式がいくつもあるせいかもしれませんが、円周の長さの公式と円の面積の公式を混同するような、公式を正しく使えない子どもたちがたくさんいます。

どうも周囲の大人たちは公式を正しく使えないことばかり気になるようで、大切な「公式を導き出す過程」にはあまり目を向けようとしません。その結果、たくさんの公式を覚えることにばかり気をとられて結局は混乱してしまうという現象が、中学、高校、大学と続いてしまうことになるのです。

小学校で図形の面積を学習する段階で、本項の後半で視覚的に紹介するように、自分で公式を導くことができるようになれば、あとに続く数学の学習で大きく伸びることでしょう。その前に、いいかげんに公式を理解していることを見つけ出す方法をひとつ紹介します。それは、問題の中に公式を適用するうえで不必要な数値をいくつか入れておく、という方法です。こうしておくと、公式をきちんと理解していないと誤った適用をする可能性が高くなります（この方法は図形の面積以外でも有効です）。

図１

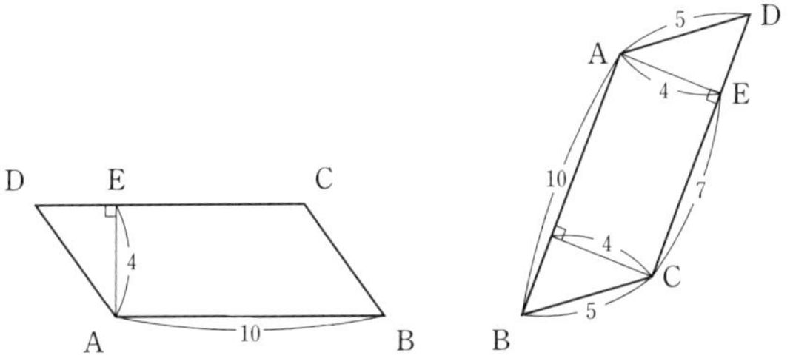

（ア）　　　　　　（イ）

図１の（ア）と（イ）はともに平行四辺形ABCDです（単位はcm)。（ア）を見ると直ちに

$10 \times 4 = 40$（cm^2）

と書くと思いますが、（イ）を見て同じように書くとは限りません。たとえば、

$5 \times 10 = 50$（cm^2）

$5 \times 7 = 35$（cm^2）

などのように書いてしまう子どもも結構いるのです。

そのような誤りを防ぐための効果的な対策は、結局、自分で公式を導くことができるようにしておくことです。初めて学ぶ者にとって、一般的な形で公式を導けるようになることは、決してやさしいことではありません。しかし「一般的」だからこそ、あらゆる具体的な問題に的確に対応する力がつくのです。

千葉ロッテマリーンズのバレンタイン監督は、2004

年の開幕前に、「同じ球速、球種で何度打っても同じスイングしか身につかない」と、「練習のための練習」を否定していました（04年3月2日付読売新聞）。そしてその翌年、彼は日本一の監督に輝きました。算数も同じです。図1（ア）のような図ばかりを使って平行四辺形の面積を求める練習をするのではなく、あらゆる平行四辺形を含む「一般的」な平行四辺形の面積を導き出せることが大切なことは、バレンタイン監督の言葉からも想像できるでしょう。

ここからは、長方形の面積の求め方は既知のものとして、平行四辺形、三角形、台形、ひし形、円の面積を導く流れを紹介します。なお、本当はていねいな文もつけるべきですが、紙幅の都合上、簡潔に説明することをお断りしておきます。

図2

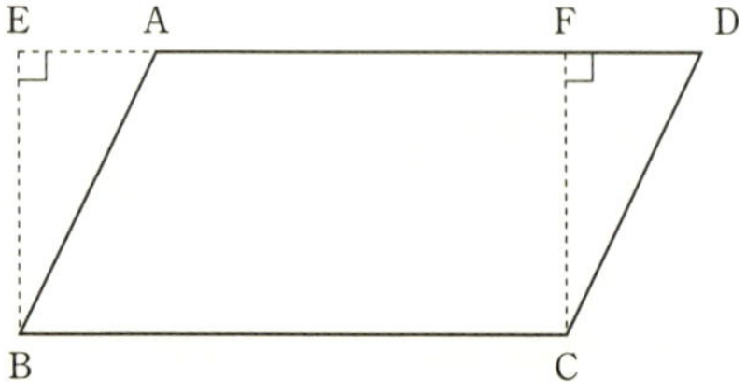

まず、平行四辺形は図2を用います。点Eは直線ADに点Bから垂線を引いたときの交点です。三角形AEBと三角形DFCは合同となるので、平行四辺形ABCDの面積は長方形EBCFと同じ面積になること

がわかります。

図3

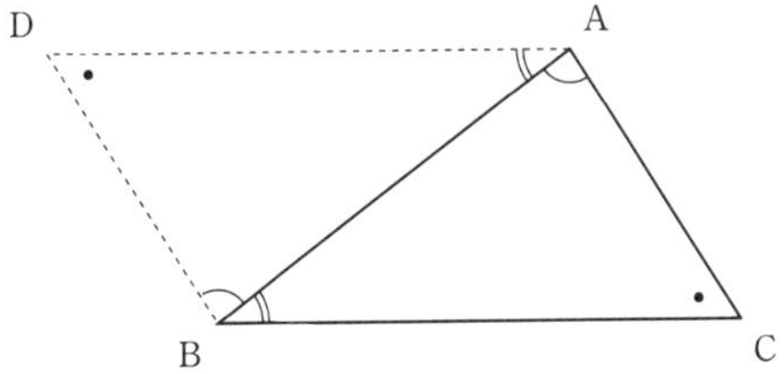

三角形は図3を用います。三角形DBAは、辺ABの中点を中心として三角形ABCを180°回転させ、BをAの場所に、AをBの場所に移動するように重ねた図形です。すると、四角形DBCAは平行四辺形となって、三角形ABCの面積はその面積の半分になります。なお、角ACBが90°より大きい場合でも同じ説明ができます。

図4

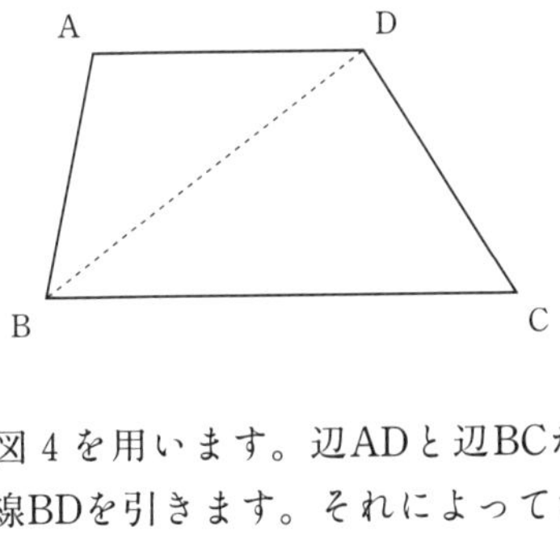

台形は図4を用います。辺ADと辺BCが平行なとき、対角線BDを引きます。それによって台形ABCD

の面積は、三角形ABDと三角形DBCの面積の和になります。いわゆる台形の面積公式

(上底＋下底) × 高さ ÷ 2

も、そこから分配法則を使って導けます（算数では分配法則という言葉は習いませんが、意味は習います）。

図５

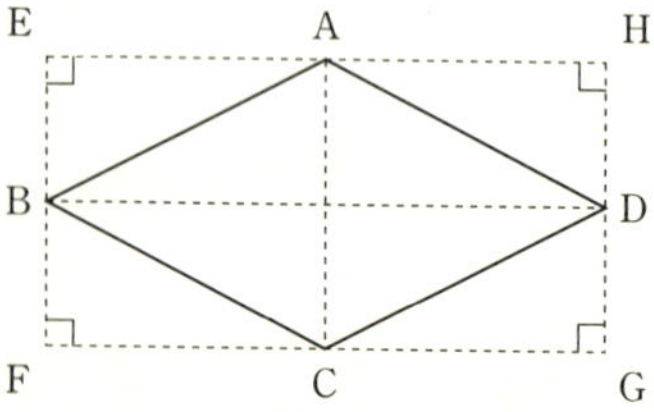

ひし形は図５を用います。周囲の長方形EFGHは、辺EFと辺ACと辺HGが平行で長さは等しく、辺EHと辺BDと辺FGが平行で長さは等しくなる図形です。この図によって、ひし形ABCDの面積は長方形EFGHの面積の半分であることがわかります。

図６

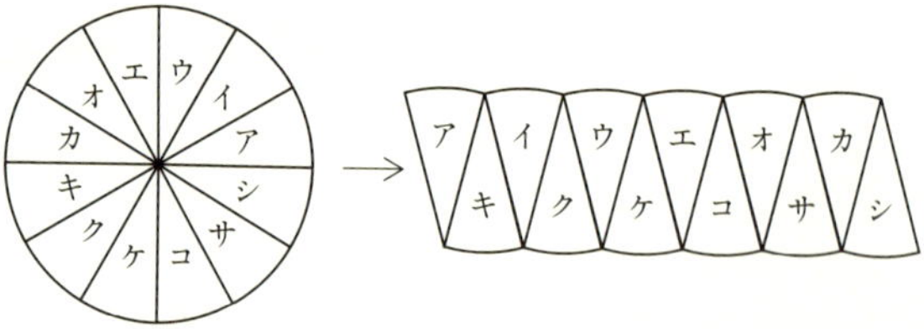

最後に、円の面積は図6を用います。ア、イ、ウ、エ、オ、カ、キ、ク、ケ、コ、サ、シはどれも中心角が30°のおうぎ形です。それを右のように並べ替えます。すると、たてが円の半径、横が円周の半分の長さの長方形に近い形ができます。図6では中心角が30°のおうぎ形12個を使いましたが、中心角15°のおうぎ形を24個使った場合、中心角が7.5°のおうぎ形を48個使った場合、……と限りなく中心角が小さなおうぎ形にしていくと、並べ替えた右の図は前述の長方形に限りなく近づきます。このようにして、円の面積は、

(円周÷2)×半径

＝円周率×半径×半径

であることがわかります。

最後の円の面積を求める考え方は、まさに「積分」の発想そのものです。このような考え方で、積分を厳密に学習していない小学生や中学生にも、球の体積や表面積、角すいや円すいの体積を導くことができるのです。こうした立体図形の説明は第2部で扱いますが、次の項で特殊な角すいの体積を、大根を3つに切る方法で学ぶことにしましょう。

1−18　立体図形を「体験」で理解する

小学校の算数から中学校の数学にわたる範囲で、学ぶ生徒ばかりでなく教える教員までも敬遠したがるものに「立体（空間）図形」があります。とくに、切断面と展開図、また投影図（中学校で学ぶ）にその傾向が顕著です。高校になると、空間図形は主に方程式で扱うので、その意識は薄れるようです。

私は、学生時代の家庭教師体験と大学での教育経験を通じて、いろいろな教訓を得ました。そのうちのひとつに、「小学校時代にたくさん絵を描いていた子どもは絵の得意な大人に成長するのと同様に、小学校時代にたくさん立体図形の体験をしていた子どもは空間図形に強い大人に成長する」というものがあります。

音楽や運動に関しても事情は同じでしょう。一方、小学生の頃に計算が得意な子どもでも、中学、高校と進学すると計算が大嫌いになっていく人が多いことは指摘しておかなければなりませんが。

以上を踏まえて、展開図と立体の切断面のつまずき対策となる〝体験〟の例をいくつか示しますので、それらを参考にして工夫してみてください。

展開図に関しては、まず画用紙とハサミとテープを用意していろいろな展開図を描き、そして目的とする立体を作ります。円すいはおうぎ形から簡単に作れます。正多面体のうち、正12面体と正20面体はテープをつけて実感させる段階がやや難しいですが、あとは楽しく作れます。正12面体を作るための正五角形はコンパスと定規で作図可能ですが、分度器などを使うとよいでしょう。

図1

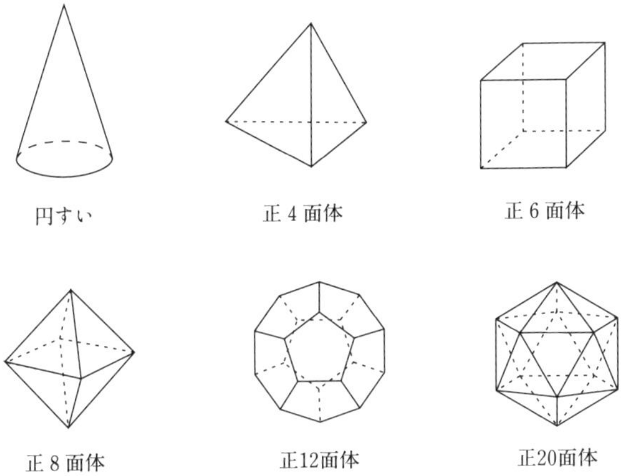

次に、学校教材や中学入試などでよく用いられる立方体（正6面体）の展開図として考えられるすべての図形の列挙にチャレンジしてみましょう。この段階で、いろいろ試行錯誤して探す努力が大切なのであって、すべてリストアップできるか否かは二の次です。ちなみに、それらは次ページの図2のように11個になります。

図2

立体の切断面に関しては、とにかくさまざまな立体を切ってみることが大切です。私自身が試してみたなかでは、大根とくだものナイフで行うのが効果的でした。どこの家庭でもすぐに用意でき、きれいに切ることが容易ですし、どの面も同じ色ですが、筋を見ることによって切断面の位置関係がわかります。また、元の立体に戻すように合わせることも簡単です。おろし金を使えば、球や円すいも作ることができます。

ただ、必ず守っていただきたいのは、原則として子どもが観察する前で、大人がゆっくりと切って見せることです。また、大根などを切るときは手に持って行います。力の入れ具合に十分注意してください。

さて、中学入試も意識するなら、やはり立方体の切断が中心になるでしょう。ここでは立方体に3回ナイフを入れて、3つの合同な四角すいを作ってみましょう。

図3

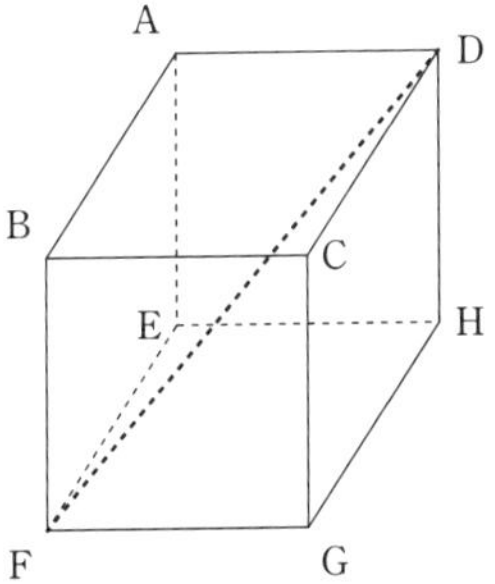

まず、図3のような大根で作った立方体を用意します。そして対角線DFに届くように、BDからBFに沿

ってナイフを入れ、GDからGFに沿ってナイフを入れ、EDからEFに沿ってナイフを入れます。すなわち、三角形BDF、三角形GDF、三角形EDFの面だけが切断面となるようにナイフを入れるのです。なお、3回目のナイフは説明の都合で「EDから」と書きましたが、実際には対角線DFから切るほうがやりやすいはずです。

こうして3つに切断された立体ができます（図4）。

図4

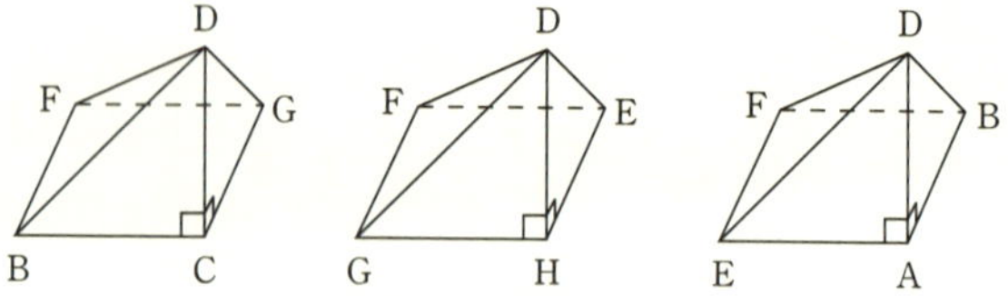

どれも合同な四角すいになっていることは一目瞭然でしょう。これは特殊な四角すいですが、体積が「底面積×高さ」の$\frac{1}{3}$になることが実感できます。

一般の角すいや円すいの体積の公式に$\frac{1}{3}$が現れることについては、第2部で、上で述べた切断を出発点として説明することにします。

第２部
中学校数学の「つまずき」

中学校の数学では、負の数、文字式、図形の証明などの重要な概念が導入されます。しかし「ゆとり教育」の影響で、授業時間は各学年とも年間約100時間と、世界最低レベルになりました。これはインドやシンガポールの半分ほどにすぎません。このことをまず認識しておかなければならないでしょう。生徒自身が好奇心をもって数学に取り組めるようにしたいものです。

もうひとつ、注意しておきたいことがあります。それは第1部の最初にも指摘した、「算数」という言葉に関する誤解です。

算数の文章問題や応用問題でメモ程度の計算式しか書かない癖のついた生徒は、文章問題で方程式を立てることや図形の問題で説明文を書くことがなかなかできなくなってしまいます。そのような場合は、誤解した「算数」のことは少し忘れさせて、数学はもっとリラックスして誰でも一歩ずつ着実に学べるものであることをわからせるとよいでしょう。「算数は得意だったけど数学は苦手」という意識が固まる前に手を打ちたいものです。

「算数は苦手だったけど数学は得意」という生徒が一人でも多く現れることを祈りつつ。

2－1　まず移項と数直線を学んでおこう

中学校で「数学」に出会うとき、多くの生徒が面食らうのが「負の数」や文字式です。難なく乗り越えたように見える子どもでも、わかったような気になって実はいいかげんに覚え、あとで伸び悩む原因になったりもします。そこで最初に、小学校の復習を兼ねて学んでおきたいことがあります。それは「移項」の考え方です。

まず、次の４つの変形を理解しましょう。具体的な数値で確かめながら、式をたどってください。また、ひとつひとつの式について、左辺と右辺を入れ替えたものも同時に理解します。

Ⅰ．　□＋△＝○

のとき、

□＋△－△＝○－△

□＝○－△

Ⅱ．　□－△＝○

のとき、

□－△＋△＝○＋△

□＝○＋△

III.　$\square \times \triangle = \bigcirc$　（△は 0 以外の数）

のとき、

$$\square \times \triangle \div \triangle = \bigcirc \div \triangle$$
$$\square = \bigcirc \div \triangle$$

IV.　$\square \div \triangle = \bigcirc$　（△は 0 以外の数）

のとき、

$$\square \div \triangle \times \triangle = \bigcirc \times \triangle$$
$$\square = \bigcirc \times \triangle$$

このあと、足し算と掛け算に関しては交換法則

$$\square + \triangle = \triangle + \square, \qquad \square \times \triangle = \triangle \times \square$$

が成り立ち、引き算と割り算に関してはそれが成り立たないことを確認しましょう。

そして、次の 2 つも具体的な数値で確かめながら理解します。また、それぞれについて、左辺と右辺を取り替えたものも同時に理解します。

V.　$\square + \triangle = \bigcirc$

のとき、

$$\triangle + \square = \bigcirc$$
$$\triangle + \square - \square = \bigcirc - \square$$
$$\triangle = \bigcirc - \square$$

VI.　$\square \times \triangle = \bigcirc$　（□は 0 以外の数）

のとき、

$$\triangle \times \square = \bigcirc$$

$$\triangle \times \square \div \square = \bigcirc \div \square$$

$$\triangle = \bigcirc \div \square$$

中学生ばかりか高校生でも、「反対側の辺に移すとなんで逆の計算をするのですか」という質問をする生徒がたくさんいます。ⅠからⅥまでの変形をしっかり理解していれば、そのような質問はしないことでしょう。なお一般に、「移項」という言葉は、Ⅰ、Ⅱ、Ⅴに適用しています。

さて、以上を理解したうえで、今度は「数直線」の説明に移りましょう。

負の数を含めた四則演算の導入前に、ぜひ数直線を学ぶ必要があります。それは視覚的に数をとらえるためですが、いきなり数直線を示すのではなく、気温などの日常的な話題から入るほうがよいでしょう。本当はビルの階数も教材になるところですが、日本は0階がないので残念ながら使えません。ほかには、預金と借金、あるいは平均海水面からの上下の距離である海抜なども考えられます。

いずれにせよ、ある地点を基準地として0に対応させ、東を正、西を負の方向とするような位置関係の例から導入することは外せません。それは、その考え方がまさに数直線そのものであるばかりか、マイナス掛けるマイナスがプラスになることを説明するうえで最も効果的な教材となるからです。

図1

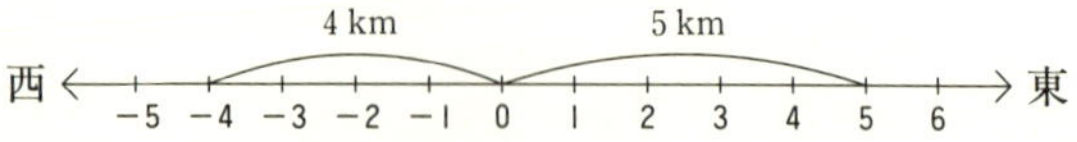

さて、数直線上に複数の数値をとることによって得る性質のひとつに、「数の大小関係」があります。その大小関係を表す記号として、

＜　＞　≦　≧

の4つがあります。

前の2つの記号に関しては、使用法で誤解することはほとんどないでしょう。しかし、後の2つに関してはぜひ指摘しておかなくてはならないことがあります。それは、「$a \leqq b$」の意味は、「$a<b$」または「$a=b$」が成り立つ、ということです。したがって、

$2 \leqq 4$，$2 \leqq 2$

は両方とも正しい記述なのです。この記号の意味（定義）を正しく理解しないため、不等式の学習でつまずいてしまうことがよくありますから、十分注意しましょう。

2－2 「負の数」を含む掛け算・割り算

小学校算数のつまずきの定番が分数の割り算なら、中学校の数学における最初のつまずきの定番は、「マイナス掛けるマイナスはどうしてプラスになるのか？」という疑問でしょう。

前者に関しては第1部で述べましたが、本質的な問題は分数の割り算よりも掛け算にありました。後者について、面白おかしく取り上げている本はよく見かけますが、次のような指摘は見たことがありません。すなわち、

「乗除でつまずく者は加減でつまずいていないか」

ということです。次の式を見てください。

$$(+2)-(-3)=(+2)+(+3)=+5$$

一番左の辺は立派な減法です。これを見れば、乗除の前に学ぶ加減にも問題があることが理解してもらえるでしょう。まず、正の数と負の数の加法・減法をしっかり学ばなくてはならないのです。大人にとっては自明のことかもしれませんが、正の数・負の数の乗除におけるプラス、マイナスの符号でつまずいている子どもには、以下のように丁寧に説明してやる必要があるでしょう。

ここで数直線を導入します。正の数を加えるならば数直線上をそのぶん右に進み、負の数を加えるならば

そのぶん左に進むのです。

$$(+3)+(+5)$$

ならば、＋3の位置から右へ5進むことによって＋8になり、

$$(+3)+(-5)$$

ならば、＋3の位置から左へ5進むことによって－2になります。

次に減法では、移項の考え方を使って理解します。

$$(+4)-(+6)=\square$$

のとき、

$$(+4)=\square+(+6)$$

なので、数直線を使って右に6進んで＋4になる数を求めて、

$$\square=(+4)+(-6)=-2$$

を出します。ここで大切なことは、

$$(+4)-(+6)=(+4)+(-6)$$

というところです。

そして、負の数を引く計算を行ってみます。

$$(+3)-(-4)=\square$$

のとき、

$$(+3)=\square+(-4)$$

なので、左に4進んで＋3になる数を求めて、

$$\square=(+3)+(+4)=+7$$

を出します。ここで大切なことは、

$$(+3)-(-4)=(+3)+(+4)$$

というところです。

最後に、

$$(+3)+(-4)+(+7)+(-2) = 3-4+7-2$$

というように、「加法の式では、加法の記号＋とカッコを同時に省略してもよい」、また、「式の最初の項や答えが正の数のときは符号＋を省略してもよい」という約束があることを示して、加法・減法の説明は終わります。

さて、ここから正の数・負の数の乗除を導入しますが、多くの中学校の数学教員と話し合ったところ、「マイナス掛けるマイナスがプラスになる」ことを理解させる方法がいくつかあるうちで、最適なのは、

速さ × 時間 ＝ 距離

を用いる、ということでした。

いま、ある基準地点で東へ向いているAさんがいます。

図1

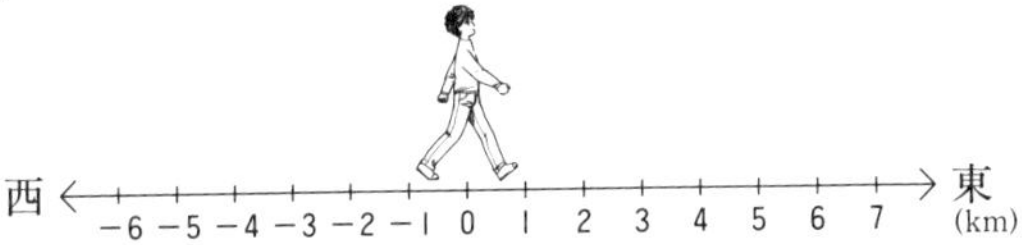

もしAさんが時速3kmでずっと東の方向に歩いている状態だとするならば、2時間後には東へ6km進んだ地点にいることになり、1時間後には東へ3km進んだ地点にいることになり、0時間後には東へ0

km進んだ地点にいることになり、1時間前には西へ3km進んだ地点にいることになり、2時間前には西へ6km進んだ地点にいることになります。したがって、次の5つの式が成り立たなくてはなりません。

$$(+3)\times(+2)=+6$$
$$(+3)\times(+1)=+3$$
$$(+3)\times 0=0$$
$$(+3)\times(-1)=-3$$
$$(+3)\times(-2)=-6$$

一方、Aさんが時速3kmでずっと西の方向に歩いている状態だとするならば、2時間後には西へ6km進んだ地点にいることになり、1時間後には西へ3km進んだ地点にいることになり、0時間後には西へ0km進んだ地点にいることになり、1時間前には東へ3km進んだ地点にいることになり、2時間前には東へ6km進んだ地点にいることになります。したがって、次の5つの式が成り立たなくてはなりません。

$$(-3)\times(+2)=-6$$
$$(-3)\times(+1)=-3$$
$$(-3)\times 0=0$$
$$(-3)\times(-1)=+3$$
$$(-3)\times(-2)=+6$$

以上から、□と△をそれぞれ符号＋を省略した正の数とすると、

(＋□)と(＋△)の積は、□と△の積に＋を付けた数

(＋□)と(－△)の積は、□と△の積に－を付けた数

(－□) と (＋△) の積は、□と△の積に－を付けた数

(－□) と (－△) の積は、□と△の積に＋を付けた数

がそれぞれ成り立つことになります。

次に、反対側の辺に移す考え方を使って以下の4つの式がわかります。

$(+3)\times(+2)=+6$ から、$(+6)\div(+2)=+3$

$(+3)\times(-2)=-6$ から、$(-6)\div(-2)=+3$

$(-3)\times(+2)=-6$ から、$(-6)\div(+2)=-3$

$(-3)\times(-2)=+6$ から、$(+6)\div(-2)=-3$

したがって、□と△をそれぞれ符号＋を省略した正の数とすると、

(＋□) を (＋△) で割った商は、□を△で割った商に＋を付けた数

(＋□) を (－△) で割った商は、□を△で割った商に－を付けた数

(－□) を (＋△) で割った商は、□を△で割った商に－を付けた数

(－□) を (－△) で割った商は、□を△で割った商に＋を付けた数

がそれぞれ成り立つことになります。

なお、掛けて＋1になる2つの数に関して、一方を他方の「逆数」といいます。上記の4つの性質は、「逆数の考え方を使って導いた」とも言えます。

ここで、正の数・負の数と不等式の扱いにも触れておきます。

「負の数を掛けたり割ったりすると、どうして不等号の向きが逆になるのか？」という質問がよくあります。その質問に答えてみましょう。

まず、90ページで示したことから、負の数に負の数を掛けると正の数、0に負の数を掛けても0、正の数に負の数を掛けると負の数になります。そこで2つの数の一方が0であったり、2つの数の符号が異なる場合は、「不等号の向きが逆になる」という性質は正しいことがわかります。

次に、□と△と○をそれぞれ符号＋を省略した正の数として、

□＜△

を満たすとします。このとき、

□×○＜△×○

は成り立ちます（以下、下図参照。ここでAとCは原点に関して対称、BとDも原点に関して対称）。そこで、□と○の積に符号－を付けた数は、△と○の積に符号－を付けた数より大きくなります。したがって、

(＋□)×(－○)＞(＋△)×(－○)

となります。

図2

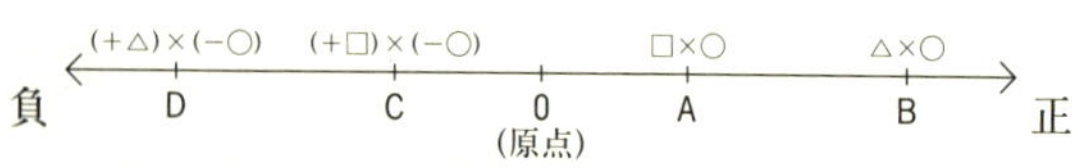

一方、

$$-\triangle < -\square$$

を満たすことと、

$$\triangle > \square$$

を満たすことは同じです。したがって、

$$(-\triangle)\times(-\bigcirc)=\triangle\times\bigcirc > \square\times\bigcirc=(-\square)\times(-\bigcirc)$$

よって、

$$(-\triangle)\times(-\bigcirc) > (-\square)\times(-\bigcirc)$$

となります。これで、負の数を掛ける場合の大小関係の説明は完了したことになります。

最後に割り算についても見ておきましょう。「2で割る」ということは、すなわち「2の逆数である$\frac{1}{2}$を掛ける」ことであり、「−3で割る」ということはすなわち「−3の逆数である$-\frac{1}{3}$を掛ける」ことであるように、ある数で割るということはその数の逆数を掛けることと同じです。さらに、正の数の逆数は正の数で、負の数の逆数は負の数です。したがって、符号の扱いや大小関係を考えるうえで、負の数で割ることは負の数を掛けるのと同じ、ということに帰着するのです。

2－3　掛け算記号の省略・累乗・絶対値

中学校で数学を学びはじめると、計算規則の面でも小学校まではずいぶん違うルール（約束事）が出てきます。そこで戸惑わないように、いくつか注意点を述べておきましょう。

計算の規則にはそれぞれ意味があります。その意味がわかるように、規則に反して計算をしたらどういうことが起こるかを示すことが大切です。

まず、「掛け算記号の省略」から述べましょう。

第１部で説明したように、帯分数には帯分数としての意義があります。しかしながら中学校になると、それは姿を消します。もし帯分数の表記が残っていると、

$$3\frac{1}{2}x=\frac{7}{2}x$$

$$3\frac{1}{2}x=\frac{3}{2}x$$

はどちらも一理あるように見えてしまうからです。最初の式では帯分数を使っているととらえた場合、次の式では３と$\frac{1}{2}$を掛けているととらえた場合です。このような混乱が起こらないようにするために、帯分数の表記を全体的になくしたり、

$$7\times 2a=7\cdot 2a$$

というように、記号×の代わりに「・」を用いたりします。これらは結局、数と文字の積の間に入る記号×を省いて表すことを目的としています。

記号×の省略は、「$3\times a$」や「$a\times 3$」を「$3a$」と書くことを定義としますが、「$1a$」を「a」と書くこと、および「$(-1)\ a$」を「$-a$」と書くことも、忘れてはなりません。

次に「累乗」について説明します。

$$ab^2$$

と書いたとき、累乗の指数である2が作用する範囲は2の左下にあるbだけです。すなわち、

$$ab^2=a\times b\times b$$

となりますが、必要ならば

$$(ab)^2=(a\times b)\times(a\times b)$$

というようにカッコを用いて表せることにも留意しましょう。直観的な表現を用いると、「累乗は乗除より結びつきが強く、乗除は加減より結びつきが強い」といえます。また、$-a^2$と$(-a)^2$は同じものではありません。

さて、絶対値に関する誤りは、大きなつまずきに発展する場合がよくあります。それは、たいていの定義は勘違いして学習してもすぐに気づくことが多いのに対して、絶対値の場合は、しばらく学習していってからようやく気づくことがしばしばであるからです。

絶対値における勘違いの要点は、「絶対値とは、負の数aに対しては$|a|=-a$とおき、正または0の数aに対しては$|a|=a$とおく」というものであるにもかかわらず、「マイナス記号－をプラスにするもの」という誤った解釈をしてしまうことにあります。それでも、

$$|8|=8$$

$$|-1-\sqrt{2}|=1+\sqrt{2}$$

$$|a|=a\ (a>0)$$

などは問題なく書けます（$\sqrt{2}=1.4142\cdots$）。そして、「自分は絶対値を正しく理解している」という自信までもって先に進んでしまうのです。

私はことあるごとに、「誤りを自分で見つけて正すこと」の重要性を述べていますが、残念ながら試験で1つや2つの誤りがあっても気にしない生徒がほとんどです。結局、絶対値に関しては誤った解釈をしたまま高校生になって、たとえば、

$$|1-\sqrt{2}|=1+\sqrt{2}$$

$$|-a+b|=a+b \quad (a<0, b>0)$$

のような誤りを犯してしまうのです。ちなみに上の2式を正しく書くとこうなります。

$$|1-\sqrt{2}|=\sqrt{2}-1$$

$$|-a+b|=-a+b \quad (a<0, b>0)$$

試験にミスはつきものですが、1つや2つの誤りがおおごとである場合もしばしばあるのです。定義はしっかり理解しておくことが肝腎です。

2－4　方程式と恒等式

いよいよ「方程式」の導入です。方程式については恒等式と一緒に説明しましょう。というのは、中学生に限らず、方程式と恒等式を混同したまま高校、大学へと進んでいく人が珍しくないからです。

数学教育において、文字の導入は最重要課題でしょう。文字がなければ公式も存在しないのです。そこで、文字式の効用を改めて認識するための好例をひとつ挙げましょう。

「たてと横の和が10cmの長方形のうちで、面積が最大となるものはどのような長方形か」という問題を考えます。たてが１cmで横が９cmだと９cm^2、たてが２cmで横が８cmだと16cm^2、……、たてが５cmで横が５cmだと25cm^2。このようにして考えると、「１辺が５cmの正方形が面積最大」となる予想はできます。しかし、それを証明するためには、たての長さをa cmとするとき、長方形の面積は、

$$a(10-a)=-a^2+10a$$
$$=-(a-5)^2+25\ (\mathrm{cm}^2)$$

になることを用いる必要があります。

さらに上記において、たてと横の和を$b$cmとして同様に議論を展開すると、「たてと横の和が一定の長方形のうちで面積が最大となるものは正方形である」

という性質を得ることになります。これだけでも、文字がいかに大切であるかを理解できるでしょう。

さて、将棋、囲碁、トランプなどのさまざまなゲームについて、ルールをすべて知ったうえでゲームに参加するよりも、基本的なルールをある程度知った段階でゲームに参加するほうがむしろ普通です。文字式についても同じなのですが、実は「正しく学ばないことが大きなつまずきに発展する」面をもつことに気づいている人は少ないようです。それがわかるように、文字式がもつ異なる意味を具体的に説明しましょう。

「1個30円のミカンと1個70円のリンゴをあわせて20個買い、800円を支払いました。ミカンは何個買ったのでしょう」という問題の答えは15個になります。これを方程式を用いて解くとき、「ミカンを x 個買うとする」として式を立てるでしょう。この x は、いまだ知らない「ある」数の代わりをしています。実際、

$$30x+70(20-x)=800$$

と立てた式で x に代入して等号が成立する数値は、この場合は15だけです。

次に、まったく別な、

$$(3x-4)+(2x+1)$$

を計算する問題では、

$$(3x-4)+(2x+1)=5x-3$$

と答えを書くことでしょう。この式の x には、「すべて」の数を代入して成り立つことに注目して下さい。

前者のミカンとリンゴの問題に出てきた等式は「方

程式」です。一方、後者の計算問題に出てきた等式は恒《つね》に成り立つ「恒等式」です。

恒等式という言葉は高校１年で学習するのですが、両者の違いの本質は、「ある」と「すべて」にあるのです。「まえがき」の表（５ページ）にも挙げてありますが、「すべて」と「ある」の用法はきわめて重要です。この用法を私が重視する背景には、大学で学ぶ数学の基礎的事項も実は「すべて」と「ある」の用法が本質にあり、専門の数学でつまずくか否かの大きな鍵になっていることがあります。

本項で、「ある」数に関して成立する方程式と「すべて」の数に関して成立する恒等式を取り上げる直接の理由は、年に５～10回ぐらいは講演をする教員研修会に参加された先生方、あるいは私の教え子の現職教員から、よく次のような誤答に関する話を聞くことがあるからです。

$$\frac{1}{2}(x-3)+\frac{1}{3}(4x+5)$$

を計算しなさい、という問題で、「両辺（？）を６倍すると」などと書いて、

$$\begin{aligned} &3(x-3)+2(4x+5) \\ &\quad =3x-9+2(4x+5) \\ &\quad =3x-9+8x+10 \\ &\quad =11x+1 \end{aligned}$$

という〝答え〟を出してしまう。

あるいは、

方程式　$\frac{1}{2}(x-3)=\frac{1}{3}(4x+5)$

を解きなさい、という問題で、両辺を6倍するのはよい方法ではあるものの、

$$\frac{1}{2}(x-3)=\frac{1}{3}(4x+5)$$
$$=3(x-3)=2(4x+5)$$

などのように、間に奇妙な「＝」を入れてしまう。

「計算しなさい」という問題を解くとき、勝手に6倍したら答えも6倍になってしまいます。また、方程式を次々と変形していくとき、途中に等号記号＝を入れてしまうと、「解なし」になってしまうことがほとんどです。実際、上の誤った式に関して、

$$\frac{1}{2}(x-3)=3(x-3)$$

から$x=3$が導かれ、

$$\frac{1}{3}(4x+5)=2(4x+5)$$

から$x=-\frac{5}{4}$が導かれてしまいます。

方程式と恒等式を混同していることに気づいたら、ぜひ、「すべて」と「ある」の用法を誤らないように注意したいものです。先々、数学を学習していくときに大いに助かるからです。

2－5 「単位のない図形問題」の考え方

〈1－16 比と割合を理解するには〉で、「仕事算の本質は、仕事全体の量を１と考えることにある」と述べましたが、子どもたちは「なぜ仕事全体が１なのか」といった違和感をもつ場合があります。本項で述べる問題も根本のところは似ています。

それは、図形の計量において距離に付くべきcmとかｍといった単位を省略して数値だけを表示する方法で、当然、その場合は面積や体積も数値だけになります。単位の省略は中学校の数学ではほとんどありませんが、高校の数学になると省略するのがむしろ普通です。このような用法に対する違和感が、図形の問題全般を苦手にしてしまう場合があるのです。まず、それを意識してもらうための具体例を挙げましょう。

図１

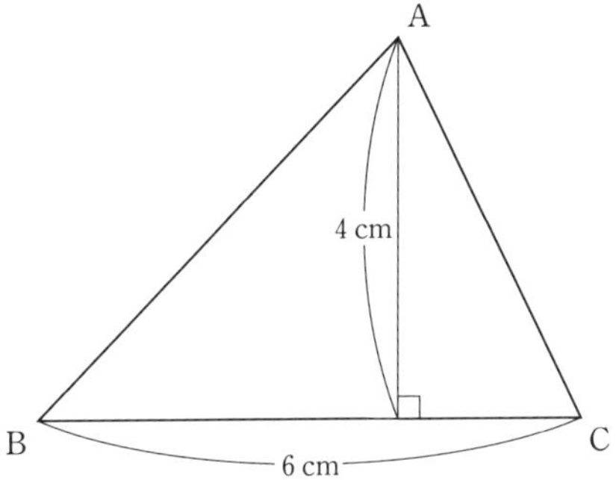

前ページ図１は底辺の長さが６cm、高さが４cmの三角形です。

同じ三角形で、もし２cmを１とすると、三角形ABCは次のように描くことになります。

図２

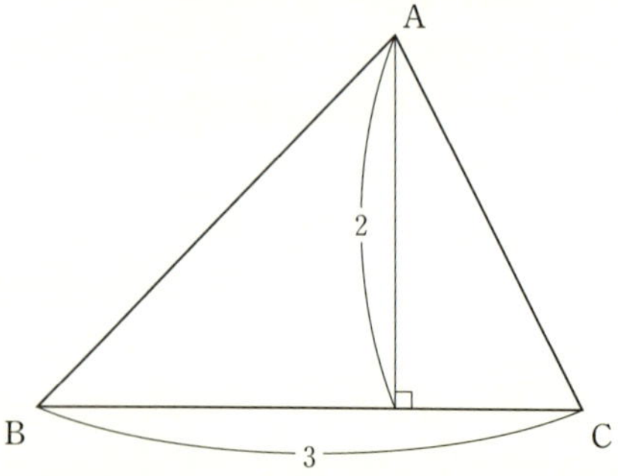

三角形ABCの面積は、図１では12 cm^2ですが、図２では３です。すなわちこの場合、面積としての１は４cm^2のことです。ここで注目したいのは、同じ１を用いても、長さとしては２cmであり、面積としては４cm^2だということです。こうして、「同じ１なのに、どうして数字も単位も違ってしまうのか」といった素朴な疑問が違和感となります。

こうした単位をつけない計算については、〈1−5　個数としての数、量としての数〉でも述べましたが、理科関係の先生からしばしば指摘される点でもあります。しかし図形に限らず、より一般化して問題を扱うことに慣れていくことは、小学校の段階でならともかく、先々数学を学んでいくうえでは大変重要なことです。ですから、比を意識して三角形の計量を扱った場合の「違和感」は乗り越えておく必要があります。

さて、1つの仕事算では、1は仕事全体の量だけを表していました。ところが、図2の三角形ABCにおいては、長さとしての1と面積としての1の違う用法を同時に使い分けているのです。それゆえ、違和感はより強くなってしまうのでしょう。

それを乗り越えるためのひとつのアドバイスは、「1つの問題の中に2つの仕事算が入っている」というように解釈する方法です。要するに、長さと面積を混乱させないように、意識の中で一時的に切り離して考えるようにすることです。

大学の数学で、有限個のものの個数の概念を無限個の世界に拡張する考え方を学びます。一部の学生はその拡張に対して違和感を少なからずもちますが、それを乗り越えるためのアドバイスも、有限個の世界と無限個の世界を意識の中で一時的に切り離して考えるようにすることなのです。

2－6　証明の鍵は「三段論法」と「矛盾」

計算問題や答えを出せばよいだけの問題は得意でも、「証明問題が苦手」という中学生、高校生はたくさんいます。マークシート方式の試験が主体になり、教科書でも証明問題が軽視されていることが大きな原因でしょう。しかし、論理的思考力や説明力をはぐくむうえで、証明問題は格好の素材です。ですから「文系に進むから関係ない」などと言ってはいけません。むしろそういう人ほど、中学校のうちに「証明」の基礎をしっかり学んでおく必要があるのです。

実は理数系の大学生の中にも、証明には最初から「やり方」があると思っていたり、証明で結論から仮定を導いてしまったり、日常生活でもよく使われる背理法を特殊なものと意識していたりする学生がたくさんいます。その原因を探っていくと、中学生段階で理解すべき「三段論法」と「矛盾」があいまいにとらえられていることにたどり着きます。

たとえば、2つの三角形が合同であることを示すためには、

（ア）３辺が等しい

（イ）２辺とそのはさむ角が等しい

（ウ）２角とそのはさむ辺が等しい

のどれかが成立することを示せばよいのです。すなわ

ち、「(ア)、(イ)、(ウ) のどれか1つが成り立てば合同」です。そして、与えられた仮定から (ア) を導いたならば、

仮定 ⇒ (ア)、(ア) ⇒ 合同

に三段論法を用いて (「⇒」の意味は「ならば」)、

仮定 ⇒ 合同

が証明できたことになります。もちろん、(ア) の代わりに (イ) でも (ウ) でも同じことです。

ところが、「どうして (ア) を導いただけで合同が言えたことになるのですか？」というような質問をする中学生がたくさんいるのです。その原因は要するに、「$p \Rightarrow q$」と「$q \Rightarrow r$」から「$p \Rightarrow r$」を導く「三段論法」をきちんと理解していないことにほかなりません。

別な例として、次のようなものもあります。

連立不等式

$$-1 < 2x - 5 < 3$$

を解くとき、「$-1 < 2x - 5$」から「$2 < x$」を導き、「$2x - 5 < 3$」から「$x < 4$」を導いて、

$$2 < x < 4$$

という答えを出します。ところが、「$-1 < 2x - 5$」と「$2x - 5 < 3$」を別々に解いて、それらの解の共通部分である「$2 < x < 4$」を答えとすることに対して不安になる人も多いのです。これは、

「$-1 < 2x - 5 < 3$」

⇔「$-1 < 2x - 5$」かつ「$2x - 5 < 3$」

の理解ができていないことに原因があるのでしょう(⇔の意味は同値、すなわち「同じこと」)。

次に、「矛盾」が出てきたときの扱い方について述べましょう。

推論していくと「矛盾」が出たならば、仮定したことに誤りがある、ということになります。背理法はそれによって証明するものですが、「矛盾」からは、「仮定に誤りがある」ということ以上のことは言えないのです。ここがつまずきのポイントになる部分で、「それ以上の別なことに関しても何か言えるのではないか」と思ってしまう生徒がたくさんいます。その一例を、「素数は無限個存在する」ことの背理法による証明に関して挙げてみましょう。まず、その証明を述べます。

いま、素数が有限個しかないとして、それらすべてを小さい順に並べて2、3、…、qとする。このとき、それら全部の積に1を加えた数

$$m=2\times3\times\cdots\times q+1$$

を考えると、mはどの素数で割っても余り1となる。一方、mは最大の素数qよりも大きいので、mは素数ではない。すなわち、mはある素数pの倍数となる。これは、mをpで割っても余り1となることに反し、矛盾である。したがって、素数は無限個存在する。

この背理法による証明は、「素数が有限個しかない」とした仮定が誤っていることを意味しており、立派な証明になっています。しかしこれは、次のようにして素数を次々と作れるようなことは一切意味していません。

$$2+1=3$$
$$2\times 3+1=7$$
$$2\times 3\times 5+1=31$$
$$2\times 3\times 5\times 7+1=211$$
$$\vdots$$

実際、

$$\begin{aligned} 2\times 3\times 5\times 7\times 11\times 13+1 &= 30031 \\ &= 59\times 509 \end{aligned}$$

となります。ところが、そのように次々と作っていく整数はみんな素数になる、となぜか勘違いしてしまう生徒が必ずいるのです。

付け加えておくと、背理法という証明方法自体に違和感をもつ生徒も少なからずいます。そういう生徒は、たとえば上の証明で「$m=2\times 3\times\cdots\times q+1$ を考える」というところに「そんなことをしていいのか。恣《し》意《い》的《てき》ではないか」という疑問をもつのでしょう。これは、論理構成の自由な面と、「矛盾」から何が言えるかの理解があいまいになっていることに原因があると思われます。ただ、その疑問が「面白いことを思いつくものだな」という気持ちに変わると、数学の面白さを実感しはじめたことになります。

最後にもうひとつ。中学校では２次方程式

$$ax^2 + bx + c = 0 \qquad (a \neq 0)$$

の解（根）の公式が

$$x = \frac{-b \pm \sqrt{b^2 - 4ac}}{2a}$$

であることや、直角三角形ABCにおける３つの辺の長さの関係式である三平方の定理（ピタゴラスの定理）などを学びます。

図１

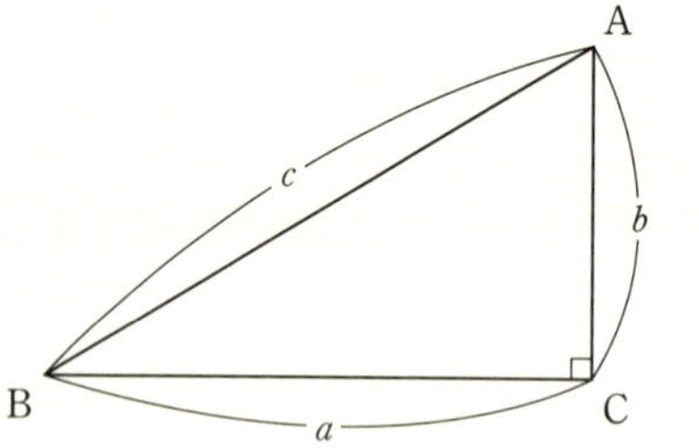

$a^2 + b^2 = c^2$

このようなとき、中学生に「証明を理解しないで公式や定理を使ってはならない」とあまり厳しく言うことは考えものです。先にそれらを使って、２次方程式を具体的に解いたり２点間の距離を求めたりして、そのあとで目的意識をもってじっくり証明を学んでもよいのです。ただし、あとからでも構いませんから、必ずその証明を理解しておくことが大切です。これは、第３部で扱う微分積分の導入でも同じことがいえます。

2－7　ヒラメキがない人は才能がないか

数学、とくに因数分解や図形問題では、ヒラメくかヒラメかないかが大きな分かれ道になることがよくあります。そのため、「自分はヒラメキがないから数学の才能はない」とあきらめてしまう人や、「たまたまヒラメくかどうかで結果が大きく変わってしまうから数学なんて嫌いだ」という人は多いことでしょう。これも数学につまずく典型的なパターンのひとつです。

たしかに、次のような文字式、

$$x-1-y+xy$$

を見て、それを積の形にする因数分解を考えるとき、「あっ、これは$x-1$でくくれる」とすぐに見破る人は「センスがいい」と言われるかもしれません。実際この式は、

$$\begin{aligned} x-1-y+xy &= x-1+(x-1)y \\ &= (x-1)(y+1) \end{aligned}$$

と因数分解ができます。

また、〈1－17「面積の公式が正しく使えない」〉で説明した台形の面積の公式でも１本の対角線が効果的な補助線となったように、およそ図形問題の証明ではたった１本の補助線を思いつくか否かが、証明ができるかどうかの分かれ道となることがしばしばあります。

しかし、そんなことで数学に背を向けてしまうのは、実にもったいないことです。

私は学生時代、大学院生時代を通じて、家庭教師としてずいぶん多くの子どもたちを教えましたが、「自分にはヒラメキがない」と弱気になっている中学生や高校生に「自分にもヒラメキのセンスがあるんだ」と自信をもてるようにさせたことがたくさんあります。その秘訣は、いろいろな問題をすぐに答えを見せたり教えたりしないで、時間をかけて取り組ませ、試行錯誤させること。これに尽きます。実は生真面目《きまじめ》な性格の生徒ほど弱気になりがちなのですが、そういう生徒には、「いままではたまたま勉強のしかたが悪かっただけで、君はもともといいセンスをもっているじゃないか」とまで言いました。これは前向きにさせるために言ったことですが、実際、それでヒラメくようになっていくのです。

囲碁や将棋の棋士は局面局面で実に多くの手を考えます。「ひと通りの筋について10手ぐらい先までは考えている」とも聞きます。５通りの筋を考えれば、合計50手先を読んでいる計算になります。それでも、それぞれの局面で実際に選択する手はもちろん１つだけです。ここで大切なことは、実際に選択した手以外に考えた場面が非常に多くある、ということです。すなわち、１つの対局だけに限定すれば無駄になる熟考がほとんどです。しかし、それがのちに別の対局で実際に役立つのです。あの羽生善治さんも「対局はアウトプットではなくインプットだ」という意味のことを言っているそうですが、まさに実戦で絶えず考え抜くことが結果的に別の対局でのヒラメキすなわち妙手につながる、ということでしょう。

因数分解や証明問題におけるヒラメキもそれと同じで、要はたくさん試行錯誤して考えた経験があるかどうかなのです。

自らの力で証明できなかった証明問題は、適当なときに答えを読んだり教えてもらったりすることになりますが、それだけでは理解に至っていないことに注意しましょう。自分の力で証明文の全文を書けなくてはならないのであって、そのための「作文」の練習はとても大切なことです。因数分解に関しても同じで、解けなかった因数分解も適当なときに解法を知ることになります。そのとき、展開して最初の問題にたどり着く検算をすること、および解法を理解するように「書くこと」が必要です。

最後にひとつ、日頃から簡単に実行できる試行錯誤の「基礎練習」の方法を紹介しましょう。

自動車のナンバープレートや電話番号にあるような４つの数字を１回ずつ使って四則演算をし、たとえば10になるような数式を頭の中で探してみるのです（カッコの使用も可）。試しに１、１、９、９を使って10になる式を作ってみてください。これはやや難しい例ですが、暇なときにいろいろチャレンジしてみれば、ヒラメキの訓練にもなるはずです。

2－8　「そそっかしさ」を治すチャンス

本書では、不注意による「うっかりミス」については一応対象外です。すなわち、本人が見直したり他人から指摘されたりしたとき「あっ、しまった」とつぶやいて直ちに修正できるものについては基本的に扱いません。ここでは、「定理や公式は正しく理解しているものの、そそっかしさからそれらを誤って適用してしまう」ようなミスを「うっかりミス」と定義して、それを防ぐ方法を述べていくことにしましょう。

私は、心理学はほとんど学んでいない者ですが、算数・数学における「うっかりミス」に対する認識が、小学生、中学生、高校生以上で微妙に異なるように感じます。ひと言で述べると、小学生は「ほとんど気にしない」、中学生は「自分の才能などと結びつけて深刻に受け止めてしまうことがある」、高校生以上は「自分はうっかりミスをよくするタイプの人間だと開き直る」、という印象をもちます。中学生という思春期に特有の現象のひとつかもしれませんが、つまらないことで数学に背を向けて何らかの「つまずき」に発展してしまうのは、これまたもったいないことです。

そこでうっかりミスの対策です。

一般論として、「一歩ずつ慎重に事を運ぶ」という意識を常日頃から徹底することが求められますが、とくに数学においては、問題演習やテストでの誤りはそのままにしないであとで必ず直す、という癖をつけることが最も効果的です。それによって、似たようなうっかりミスはかなり減ることになるからです。

中学生がよくしてしまう「うっかりミス」の代表的なものを、以下3つ挙げましょう。

ひとつは分配法則の適用ミスです。下の式を見てください。

$$\frac{36x+60}{4} = 9x+60$$

$$-(2x-5y) = -2x-5y$$

前者では2番目の項も4で割ることを忘れ、後者では2番目の項に(−1)を掛けることを忘れています。このように、多項式に分配法則を適用するとき、2番目以降の項に掛けたり割ったりするのを忘れてしまうのは、非常に多く見られるミスなのです。

もうひとつは、乗法公式

$$(x+a)(x+b) = x^2+(a+b)x+ab$$

の適用ミスです。たとえば、

$$(2x+1)(2x+3) = 4x^2+4x+3$$

を見てください。これは、2番目の項が

$$(1+3)\times 2x$$

となるべきところで、「2」が抜け落ちてしまっています。こういうミスもまた、非常によく見られます。

最後に、図形問題を挙げておきましょう。以下は三角形の相似に関して、対応する辺を間違えています。

図1

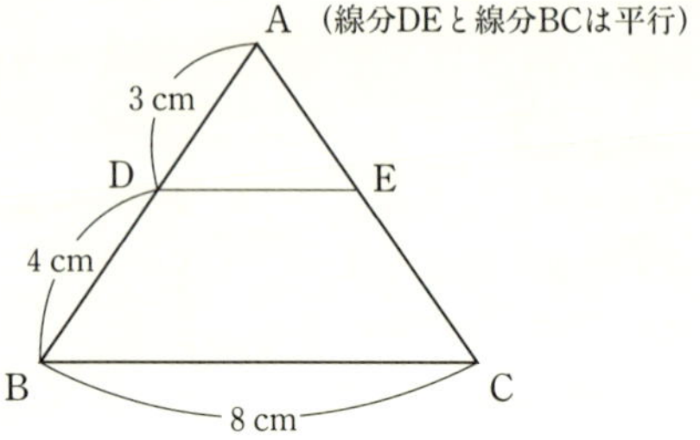

上図において辺DEの長さを求める問題で、

$$DE : BC = AD : DB$$
$$DE : 8 = 3 : 4$$
$$DE = 3 \times 8 \div 4 = 6 \text{ (cm)}$$

としてしまうようなミスがとても多いのです。また、「6」という整数が答えに出てくることによって安心してしまうこともあるでしょう。相似の対応を慎重に行えば、

$$DE : BC = AD : AB$$
$$DE : 8 = 3 : 7$$
$$DE = 3 \times 8 \div 7 = \frac{24}{7} \text{ (cm)}$$

となります。

計算規則や公式を理解していないわけではないと気にしないのも考えものですが、テストで思うように点数がとれず自信を失ってしまうことにもなりかねません。中学生の時代は、開き直ってしまう前に「そそっかしさ」を治す絶好のチャンスだと考えましょう。

2－9　平方根と記号$\sqrt{\ }$のつまずき

この項で述べる平方根と根号記号$\sqrt{\ }$（ルート）の扱いについては、中学校の段階であいまいに覚えると、高校にまで尾を引くことになります。ですからまず、定義からきちんとおさえておきましょう。

数直線上の点に対応する数を実数といい、$\frac{a}{b}$（a、bは整数）の形で表すことができる数を「有理数」といいます。また、有理数でない実数を「無理数」といいます。

中学校では「実数」という言葉そのものは学びませんが、あえてここで用いれば、どんな実数も平方（2乗）すれば正または0になります。また、ある数xを平方するとaになるとき、すなわち

$$x^2 = a$$

となるとき、xをaの「平方根」といいます。たとえば、－4と4は16の平方根で、0は0の平方根です。

かつては、xに関する方程式のxにcを代入して成立するとき、cをその方程式の「根」といったものでした。ところが、いつの間にか教科書では、「根」は「解」に取り替えられてしまいました。しかしながら、「平方根」という言葉を「平方解」に取り替えるまでには至りませんでした。そして「平方根」という言葉には「根」が残ってしまい、それが宙に浮いてしまっ

た感があります。もし方程式においても「根」という言葉がそのまま残っていたならば、「9の平方根」という言葉を聞くことによって、方程式

$$x^2 = 9$$

の「根」を自然に連想して、

$$x = \pm 3$$

というように、＋3と－3の両方を「平方根」として迷うことなく答えることが期待できたでしょう。

現在、中学生の数学に関する質問で、「平方根というと、プラスとマイナスの両方がつくんでしたっけ？」というものが何回も繰り返される傾向があります。このとき、「両方つくことになります」という結論だけの返事をするよりも、「根」から「解」に替わったことも伝えてやると、その質問を繰り返す回数は減ることでしょう。

次に、0以上の実数 a に対して、a の平方根のうち0以上のほうを、根号記号$\sqrt{}$を用いて$\sqrt{a}$で表します。ですから、2の平方根は$\pm\sqrt{2}$（$+\sqrt{2}$と$-\sqrt{2}$）であり、

$$\sqrt{9} = +3$$

となるのです。ところが次のような誤りをしばしば見かけます。

$$\sqrt{4} = \pm 2$$

$$\sqrt{9} = \pm 3$$

決してこのような誤った記述をしないように注意したいものです。

根号記号を使った計算の誤りには、さらに次のようなものがあります。

$$\sqrt{2}+\sqrt{2}=\sqrt{4}=2$$
$$\sqrt{2}+\sqrt{3}=\sqrt{5}$$

このように、

$$\sqrt{a}+\sqrt{b}=\sqrt{a+b}$$

が一般に0以上のa、bに対して成り立つように思い込んでいる中学生がたくさんいるのです。年輩の方々にとっては懐かしい、

$\sqrt{2}=1.41421356\cdots$（ひと夜ひと夜に人見ごろ）

$\sqrt{3}=1.7320508\cdots$（人並みにおごれや）

$\sqrt{5}=2.2360679\cdots$（富士山麓オウム鳴く）

などを思い出せば、そのような思い込みは誤っていると直ちに察知できるはずだと考えることでしょうが、現実は違います。

上記のようなつまずきを観察すると、第1部で指摘した「$\frac{1}{2}+\frac{1}{3}=\frac{2}{5}$」と計算する大学生、あるいは「$16\div4\div2=8$」と計算する中学生の問題と本質は同じでしょう。このような場合、以下のような対応が有効です。

まず、誤った答えを一般化した式にします。

$$\sqrt{a}+\sqrt{b}=\sqrt{a+b}$$

もしこの式が成り立つとすると、両辺を2乗して、

$$(\sqrt{a}+\sqrt{b})^2=a+b$$
$$a+b+2\sqrt{a}\sqrt{b}=a+b$$
$$2\sqrt{a}\sqrt{b}=0$$

を得ます。したがって、上式が成り立つのは $a=0$ または $b=0$ の場合に限ることになります。このような展開を具体的に示すことが肝要です。

最後に、高校の数学での「つまずき」につながる例を挙げておきましょう。

数学を苦手としない高校生ならば、

$$-\frac{1}{2}\sqrt{24}=-\sqrt{\frac{24}{4}}=-\sqrt{6}$$

のような計算は正しくできます。ところが数学を得意とする高校生のなかでも、xを負の数としたとき、

$$\frac{1}{x}\sqrt{x^2-x+1}=\sqrt{\frac{x^2-x+1}{x^2}}$$

と誤って計算して、それを正すことができない生徒がたくさんいます。すなわち、

$$\frac{1}{x}\sqrt{x^2-x+1}=-\sqrt{\frac{x^2-x+1}{x^2}}$$

のようにマイナス記号を付けなくてはならないことを理解できないのです。とくに上式において、

$$x\to-\infty$$

のように、xは負の値をとってその絶対値を限りなく大きくするような問題をつくると、たいていの生徒は引っ掛かってしまいます。

その根本原因を探ると、結局、中学校で学ぶ平方根と記号$\sqrt{\quad}$の意味をあいまいに理解していることにたどり着くのです。

2—10 「関数」と「関数のグラフ」の意味

数学の教員免許状をもっていても「関数」や「関数のグラフ」をまったく説明できない人たちが相当多くいることを、最近ある試験によって知りました。

たしかにそれらを説明できなくても、大学を卒業するまでに受けるさまざまな試験に合格するうえで困ることはなかったでしょう。しかし、そのつど「ごまかした対応」で乗り切ったに違いありません。たとえば第3部で取り上げる「逆関数」について、その意味を理解することなく「xとyを取り替えてyについて解いたもの」という対応で乗り切り、同じく第3部で取り上げる「無理関数のグラフ」についても、「放物線を横にして、頂点を境にして2つに分けた一方のグラフのこと」などという対応で強引に乗り切ってきたのでしょう。

こんな状況ですから、高校生にとって逆関数や無理関数が苦手意識をもちやすい項目になっているのも無理はありません。結局、中学生のときに「関数」や「関数のグラフ」をきちんと学習してさえいれば、高校でそのような意識をもたないで済むのです。このことを念頭において、基礎的な題材を用いて「関数」と「関数のグラフ」をきちんと説明しましょう。

まず、いろいろな値をとる文字を「変数」といいます。そして、２つの変数xとyがあって、xの値を決めるとそれに対応してyの値が〝１つ〟決まるとき、「yはxの関数である」といいます。ここで大切なことは、〝１つ〟と強調した部分です。そして、xやyがとる値の範囲をそれぞれ「変域」といい、xの変域をその関数の「定義域」といい、yの変域をその関数の「値域」といいます。ここで留意すべきことは、それらの用語を混同しないようにすることです。その点に関する誤解が意外と多いところで、「覚えない」ことがつまずきとなりやすい部分です。

参考までに、専門の数学を学ぶようになると覚える用語の数は急激に増え、高校までの数学と違って、「覚える」ことに割《さ》く時間がかなり増えます。もちろんその場合も、それぞれの用語が意味する具体例をいろいろ知っておくことが大切です。

中学校の関数の内容に話を戻して例を挙げましょう。xの変域が、

$$2 \leqq x \leqq 4$$

のとき、関数

$$y = 2x - 1$$

のyの変域は、

$$3 \leqq y \leqq 7$$

となります。したがってこの関数の定義域は$2 \leqq x \leqq 4$で、値域は$3 \leqq y \leqq 7$となります。

また、関数

$$y = x^2$$

の定義域がすべての数（実数全体）であるとき、値域は、

$$y \geqq 0$$

となります。ここで、正の数aに対し、

$$a = x^2$$

となるxは$\sqrt{a}$と$-\sqrt{a}$の2つあります。もちろん、xの値を決めるとそれに対応してyの値は1つ決まります。だからこそ、それは「関数」になっているのです。

ここで、xy座標平面を導入しましょう（図1）。

図1　xy座標平面

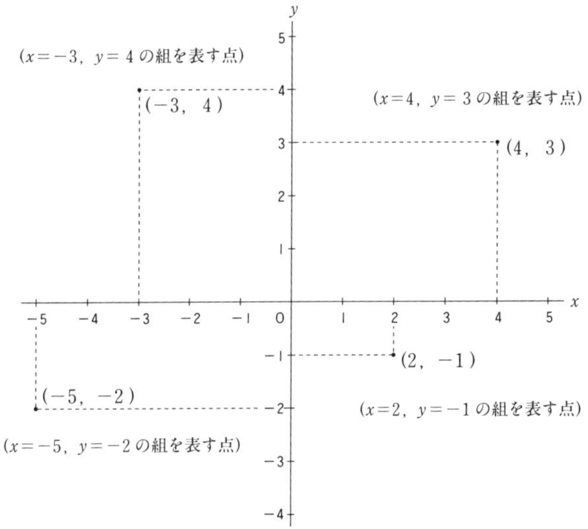

$x=0$、$y=0$の組を表す点（0,0）を原点といい、普通それをOで表します。そして原点で直角に交わっている横の数直線をx軸、たての数直線をy軸とよびます。$x=4$、$y=3$の組を表す点（4, 3）を例にすると、4をその点のx座標、3をその点のy座標といいます。

yがxの関数であるとき、xの値を決めるとそれに対応するyの値が1つ決まるので、それぞれの組を表す点をxy座標平面上にとることができます。それによって現れるグラフを、その「関数のグラフ」あるいはその「関数を表すグラフ」といいます。

すべての数を定義域とする関数

$$y=2x-1$$

のグラフと、その定義域だけ

$$2\leqq x\leqq 4$$

に制限したグラフを描くと、それぞれ図2、図3のようになります。

図2

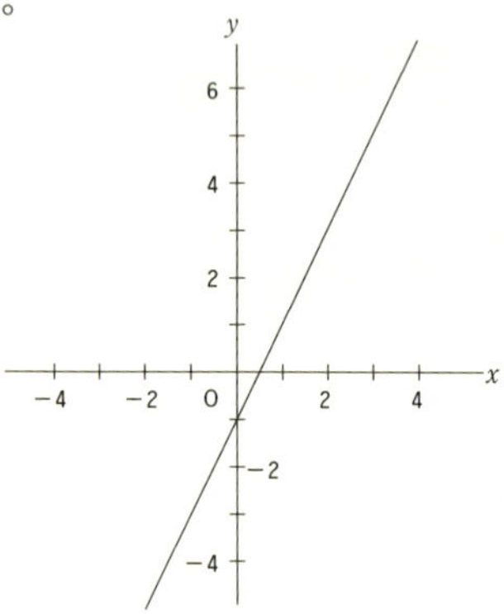

図3

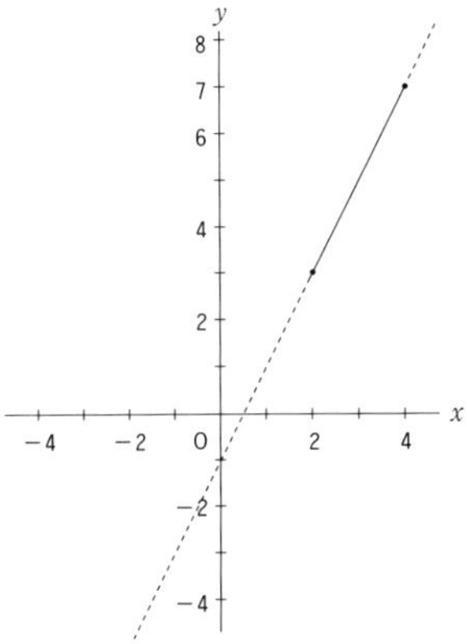

また、すべての数を定義域とする関数

$y = x^2$

のグラフを描くと、図4のような「放物線」になります。

図4

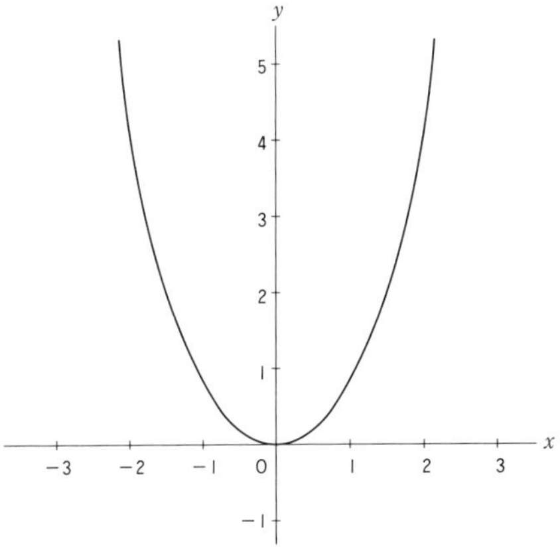

aを0でない定数、bを定数として、yがxの1次式

$$y = ax + b$$

で表されるならば、yはxの1次関数といいます。1次関数のグラフは、xy座標平面上で直線として表されますが、そのグラフを描くとき、中学生は最初から以下のような「やり方」に走る傾向があります。

> 「傾き」aと「y切片」bを用いてすぐに描くこと(用語の説明は次の項)。直線は2つの点で決定される性質を用いて、2点をとってそれらを通る直線をすぐに引くこと。

実は、最初からそのような「やり方」に頼っていて、あるとき「関数のグラフはどう描けばよいのか忘れてしまいました」と、突然言い出す高校生がたくさんいます。最初の学習のうちは、関数が表すいくつもの点をとってグラフを描くことがとても大切なのです。

2005年度の私の大学4年生のゼミナールに、とてもセンスのよい優秀な男子学生がいました。彼がゼミナール中にみんなの前で、「私は中学生の頃、1次関数のグラフを描くとき、最初は5つの点をとって直線を引いて、友だちから馬鹿にされました」とぼそりと話していたことは忘れられません。言うまでもなく、馬鹿にした友だちのほうが問題だったのです。

2−11 「xy座標平面上の直線」の使い方

この項では、先々応用されることになる「関数のグラフ」の使い方について述べていきます。前項の最後のところで触れた１次関数、

$$y = ax + b \quad (a \neq 0)$$

の「傾き」aと「y切片」bの説明から始めましょう。

まず、$x=0$のとき、$y=b$となります。それゆえ、この関数のグラフはxy座標平面上の点（$0, b$）を通ることになります。この点はy軸上でbという数値に対応する点なので、「y切片はb」という表現を用いるのです。

図１

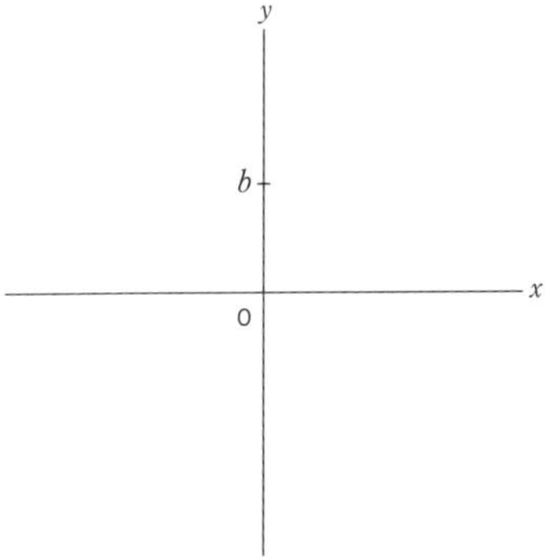

$x=0, 1, 2, 3, \cdots$となるにしたがって、順に、

$$y=b,\ a+b,\ 2a+b,\ 3a+b,\ \cdots$$

となります。すなわち、yの値は順にaずつ増えていきます。この状態は、cを勝手に定めた数としたとき、$x=c$，$c+1$，$c+2$，$c+3$，…となる場合も同じであることに留意しましょう。具体的に$a=2$のときは順に2ずつ増え、$a=-2$のときは順に2ずつ減るのです。図にすると、それぞれ図2、図3のようになります。

図2

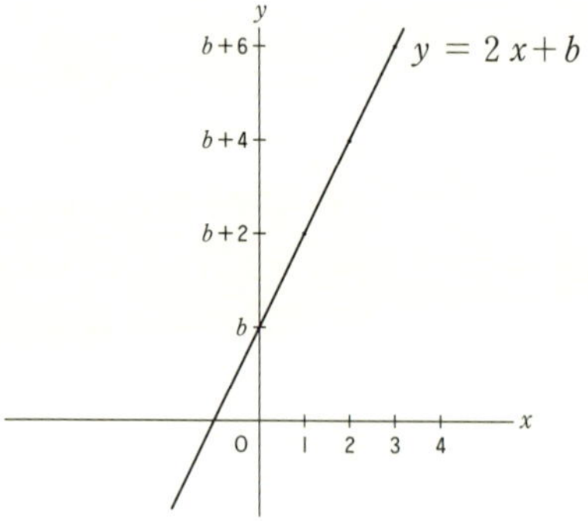

図3

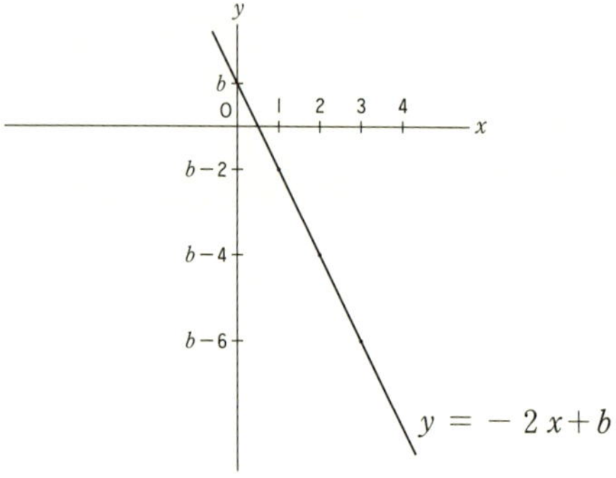

このように、１次関数

$$y = ax + b \quad (a \neq 0)$$

のグラフは、a が正の数のときは右上がりの直線となり、a が負の数のときは右下がりの直線となります。

さて、１次関数のグラフは座標平面上の直線として表されますが、座標平面上の直線すべてがこのような１次関数のグラフになるのではありません。x 軸あるいは y 軸と平行な直線を忘れてはなりません。

図４

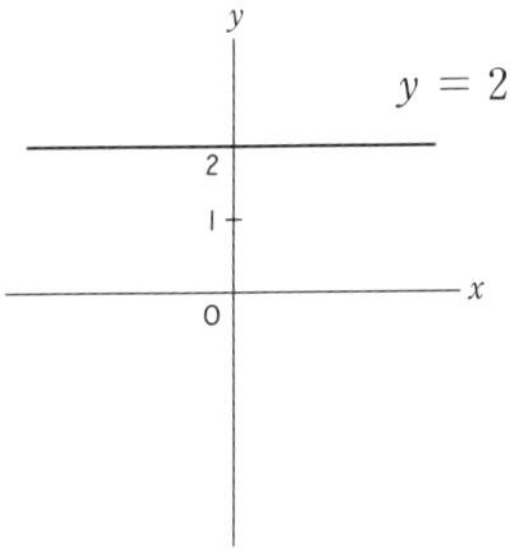

図５

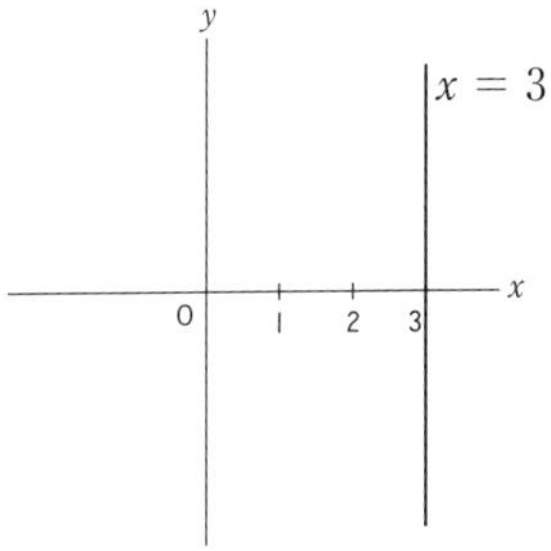

図４のグラフは y 切片が２の x 軸に平行な直線で、図５のグラフは x 切片が３の y 軸に平行な直線です。それぞれ順に、

$$y = 2, \quad x = 3$$

という式が表すグラフになります。実は、これが意外と中学生には理解しにくいようです。$y = 2$ という式に関しては、x はどんな値をとってもよいのです。また、$x = 3$ という式に関しては、y はどんな値をとっ

てもよいのです。

実際には、中学生がx軸あるいはy軸に平行な直線を表す式を理解できなくても、それほど困らないかもしれません。しかし高校の数学で空間図形を学習するとき、それらを理解していないと、空間における平面を表す式の学習は困難になります。

いずれにせよ、xy座標平面上にあるx軸あるいはy軸に平行なすべての直線と１次関数が表す直線全体を合わせることによって、xy座標平面上の直線全体となります。そして、xとyについての２元連立１次方程式の解は、xy座標平面上の２つの式が表す直線の交点として〝視覚的〟にとらえることができます。

その一例を挙げましょう。連立方程式

$$x + 2y = -2 \qquad \cdots\cdots①$$

$$3x + y = 4 \qquad \cdots\cdots②$$

を解くとき、たとえば式②を２倍し、式①の辺々をそれから引きます。

$$6x + 2y = 8$$

$$x + 2y = -2$$

すると、

$$5x = 10$$

$$x = 2$$

これを②に代入し、

$$3 \times 2 + y = 4$$

$$y = -2$$

と計算して、$x = 2$、$y = -2$が求まります。

一方、式①と式②をそれぞれ変形すると、順に

$$y=-\frac{1}{2}x-1 \qquad \cdots\cdots③$$

$$y=-3x+4 \qquad \cdots\cdots④$$

という1次関数としての標準的な表し方で示せます。そして、式③と式④をxy座標平面上のグラフとして描くと、次のようになります。

図6

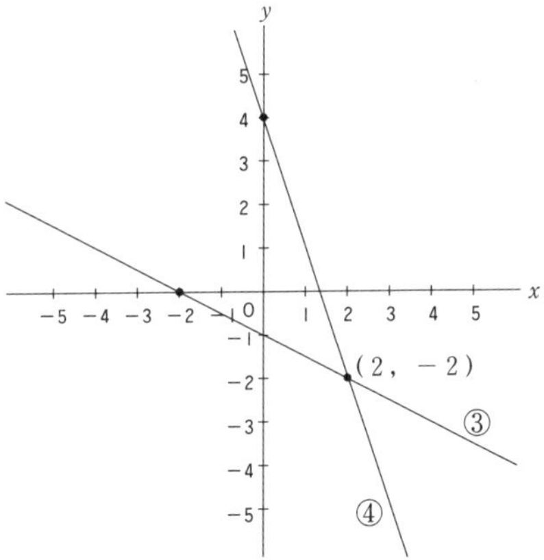

勘違いしないでほしいのは、2元連立1次方程式はグラフによっても解けるということを述べているのではない、ということです。ここで実感してほしいのは、連立方程式の示す状況が視覚的にもとらえられるということであり、それが高校での「領域」の学習、あるいは経営数学で「最適値」を求める線形計画法における基礎をはぐくむことになるのです。

2－12　「比例と反比例」は理科的に理解する

〈1－11 時間の理解には時間が必要〉で、時間の概念を理解させるためには理屈は意識せずに生活を通して教えていくことが大切だ、ということを述べました。比例と反比例の概念もそれと似ている面があり、実生活の体験を通して理解すると忘れることはありません。大人は日常会話で「～に比例して……する」とか「～に反比例して……する」などと気軽に話しますが、これなどはそのよい証拠です。

△が2倍、3倍、4倍、……となるにしたがって、□が2倍、3倍、4倍、……となるとき「□は△に比例する」といい、△が2倍、3倍、4倍、……となるにしたがって、□が$\frac{1}{2}$倍、$\frac{1}{3}$倍、$\frac{1}{4}$倍、……となるとき「□は△に反比例する」という説明ならば、小学生でも十分に理解できることです。ところが中学校で学ぶ比例や反比例は、厳密に次のように定義します。

変数 x と y の間に、a を定数として

$$y = ax$$

という関係が成り立つとき「y は x に比例する」といい、a を定数として

$$y = \frac{a}{x}$$

という関係が成り立つとき「yはxに反比例する」といい、どちらの場合もaを「比例定数」という。

また、比例や反比例に関する問題では、比例あるいは反比例を仮定し、xとyが実際にとる値を与えて比例定数のaを求めさせることに主眼を置いています。そしてaを求めさせた次には、別のxの値を代入させて、対応するyの値を求めさせるようにもなっています。

こうした学習のしかたによって、子どもたちは比例と反比例のイメージをはぐくまないまま問題の解法に進んでしまうことがよくあるのです。

その結果、aを定数とするとき、

$$y = \frac{x}{a}$$

という式を見せられると「反比例？」と誤ったり、

$$a = xy$$

という式を見せられると「比例？」と誤ったりすることがしばしばあります。

要するに、大人の会話に出てくるように「イメージとしての比例や反比例」をとらえることができていないのです。

また、茨城県の県立高校の理科の先生が、「いまの高校生は理科の基礎である比例の概念をあまりつかんでいない」という危機感から、それに関する基礎的な実験授業を精力的に行っていることも知りました。

そこで、初めから比例定数を求めさせるような計算問題に取り組ませる前に、ぜひ、比例を表すグラフとしての原点を通る直線（図1）と、反比例を表すグラフとしての原点対称な双曲線（図2）から視覚的に理解するのと同時に、理科的な現象から比例と反比例を理解するような学習を行いたいものです。

図1

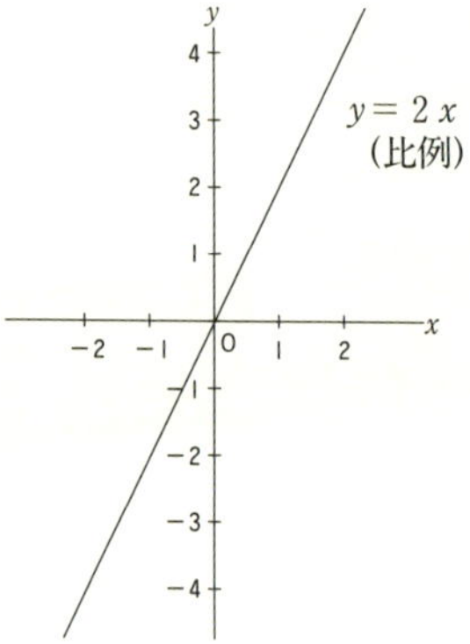

図2

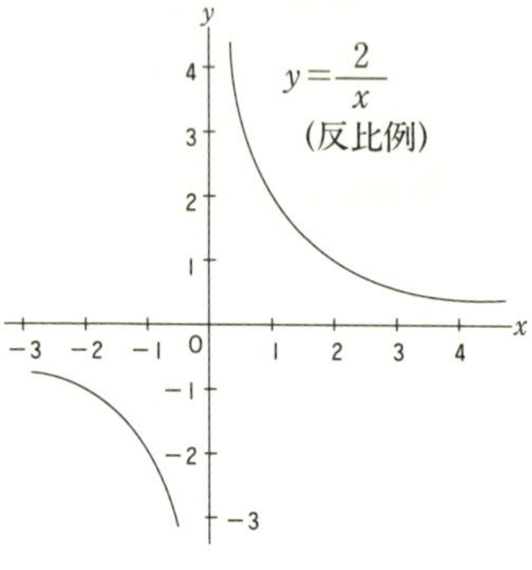

以下、教科書にはまず載っていない理科的な例で、比例、反比例、2乗に比例、2乗に反比例の面白そうな題材を1つずつ紹介しましょう。

【比例】

1kgの物体に働く重力は9.8N（ニュートン）で、1m落下した場合にその力によってなされた仕事は9.8J（ジュール）です（1Jは1N・m）。したがって、1kgの物体を3m鉛直方向に持ち上げたとき、物体になされた仕事は3×9.8で29.4Jとなります。ちなみに1Jは0.239calなので、人が階段を上がるときのカロリー消費量S（cal）は、体重W（kg）と上がった鉛直方向の距離L（m）の積に比例し、

$$\begin{aligned} S &= 0.239 \times 9.8WL \\ &\fallingdotseq 2.34WL \end{aligned}$$

と表せます。体重80kgの太った人は体重40kgのやせた人の倍のカロリーを消費しますが、1階上がるごとに5m高くなるビルを1階から4階まで上がったとしても、太った人のカロリー消費量は、

$$2.34 \times 80 \times 15 = 2808 \text{ (cal)}$$

です。レストランなどで食事のメニューに付いているエネルギーの単位は、普通calではなくkcalです。ビルを階段で昇るとき、カロリー消費量は階数と体重に比例して増えるわけですが、80kgの人が3階分上がってもカロリー消費量はたったの3kcalにも満たない——。ダイエットがいかに大変か、わかります。

【反比例】

下の図3は、1本の物差しの目盛りを通して甲から乙を見ているものです。

図3

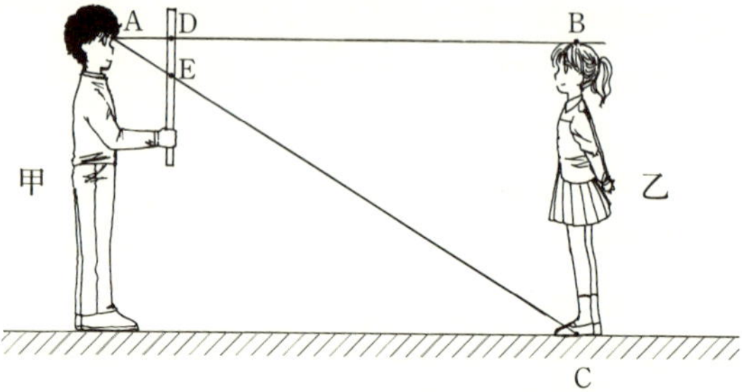

乙が遠くに行けば行くほど、物差しの目盛り上の乙の身長が小さくなることは感覚的にわかるでしょう。

ここで、図の中に描いた2つの直角三角形から、

$$\mathrm{AD}:\mathrm{DE}=\mathrm{AB}:\mathrm{BC}$$

がわかります。そこから、

$$\mathrm{DE}=\frac{\mathrm{AD}\times\mathrm{BC}}{\mathrm{AB}}$$

となります。ここで、ADとBCは定数と考えられるので、目盛り上での乙の身長DEは、甲から乙までの距離ABに反比例しているのです。

【2乗に比例】

自動車が速度 v (m/s) で走行しているときの動摩擦

係数をμとすると、力学の基礎的な公式を用いることによって、ブレーキを掛けてから止まるまでの制動距離l（m）は、

$$l = \frac{1}{2\mu g} v^2$$

と表せることがわかります。ここで、gは重力加速度9.8（m/s^2）です。それゆえ、制動距離lは速度vの2乗に比例しているのです。

【2乗に反比例】

照度（明るさ）の単位としてよく聞かれる「ルクス」というものがあります。wワット（W）の電球から距離xメートルのところにある、電球の方向を向いた面の照度は、

$$\frac{w \times 0.8}{x^2} \text{（ルクス）}$$

となることがわかっています。それゆえ、照度は光源からの距離の2乗に反比例しているのです。これはたとえば、100Wの電球が切れてしまったため60Wの電球に取り替えたとき、同じ照度を保つには電球をどの位置にすればよいか、というような場合にも応用できるでしょう。

2−13　円周角で学ぶ「ストラテジー」

この本では主として基本的な事項について、つまずきを乗り越えるためのアドバイスをしています。ただ現実として試験などで、基本的ではない、俗に「頭を使わないと解けない」と言われるような問題にも前向きに取り組めるようにならなければ自信はもてません。そこで本項では、「ストラテジー」(発見的問題解決法) と呼ばれる考え方を紹介しましょう。

ストラテジーとは、何らかの発想上の工夫を見つけないと解けない問題を解決するための手段をいくつかのパターンに一般化することで、高校や専門での数学教育に役立てようという考え方です。いわば「ヒント」を体系化するようなものですが、「やり方」だけを覚えてそれを当てはめるような、安直な「テクニック」の類《たぐい》とは一線を画しているので、ぜひ参考にしてください。

題材に使うのはまず、円周角と中心角の関係です。これは中学3年生レベルでひとつのポイントとなる事項です。そのあと、同じレベルに相当する図形の問題を扱います。いずれもストラテジーのひとつである「特殊化」を使って説明しましょう。なお、ストラテジーではいくつかのキーワードがありますが、個人的意見では、常に意識しておくとよいのは、「類推」「逆向きにたどる」「特殊化」の3つでしょう。

図1

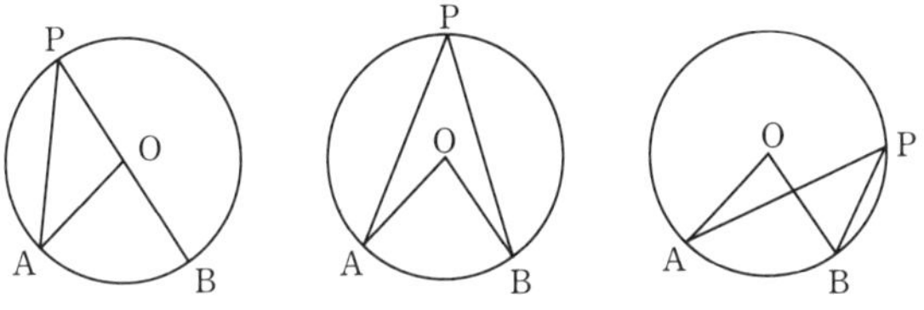

(ア)　(イ)　(ウ)

図1において、弧ABに対する中心角∠AOBは1つだけですが、弧ABに対する円周角∠APBは(ア)、(イ)、(ウ)のようにいろいろなものがあります。よく知られているように、一般に「同一の弧に対する円周角はその弧に対する中心角の半分」です。その証明は、最初に「特殊」な(ア)について行います。

(ア)において、三角形AOPはAO＝POの二等辺三角形なので、

∠APO＝∠PAO

1つの外角は内対角の和に等しいので、

∠AOB＝∠PAO＋∠APO

となります。よって、

∠AOB＝2∠APO＝2∠APB

を得ます。

次に(イ)において、Pから中心Oを通る半直線POを引き、円周との交点をCとします(次ページ図2)。

図2

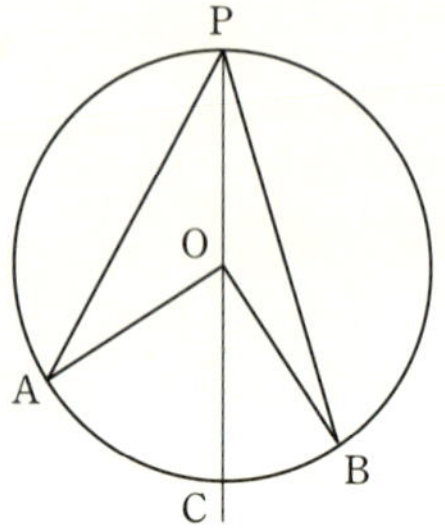

（ア）を用いて、

$$\angle AOC = 2\angle APC$$

$$\angle BOC = 2\angle BPC$$

上の2式の辺々を加えて、

$$\angle AOB = 2\angle APB$$

を得ます。

（ウ）においては、半直線POと円周との交点をCとすると（図3）、

図3

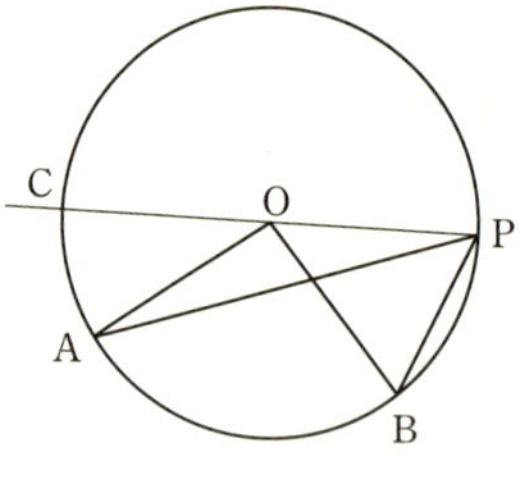

（ア）を用いて、

$\angle COB = 2\angle CPB$

$\angle COA = 2\angle CPA$

そしてこの２式の上から下を辺々引くと、

$\angle AOB = 2\angle APB$

を得ます。

以上の証明を振り返ると、特殊な（ア）を示すことによって、後の（イ）、（ウ）もそれから簡単に示せたのです。では、このような「特殊化」を用いて、次の問題を考えましょう。

図４

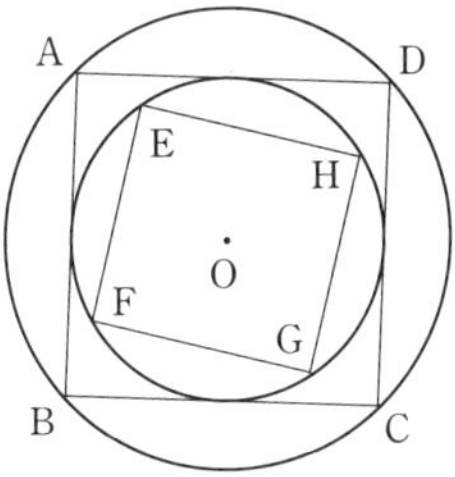

上の図において、四角形ABCDは、外の円Oに内接し、内の円Oに外接する正方形です。また、四角形EFGHは内の円Oに内接する正方形です。このとき、

正方形EFGHの面積：正方形ABCDの面積

を求めよ、というのが問題です。

この問題では、正方形EFGHをOを中心として回転させ、次のような「特殊」な図を考えます（図５）。

図5

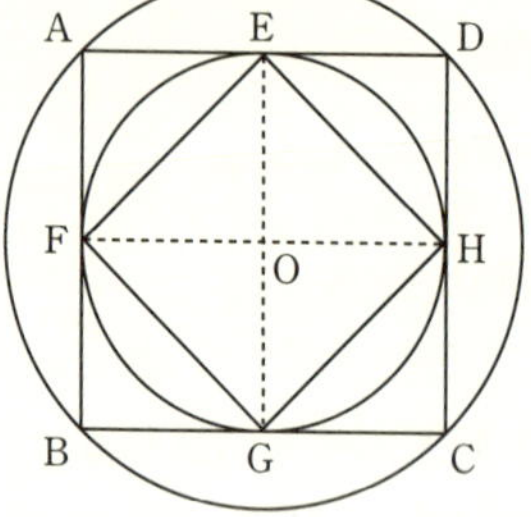

それによって、

求める面積比 ＝1：2

であることが直ちにわかります。この問題についても、特殊な図5に気づくことが解決の鍵となったのです。

参考までに、ストラテジーの「類推」と「逆向きにたどる」についてもごく簡単に述べておきましょう。

「類推」とは、解決しにくい問題に対して、その問題とは別のところで成立している事象から類推するもので、たとえば「2次元で成り立つ性質と似た現象が、3次元でも同じように成立しないか」と予想するような考え方です。

「逆向きにたどる」は、目的（解答）を示すためには何を示せばよいかというように、いわば「目標から出迎えて」考える方法です。たとえば〈2−7〉の最後に紹介した「4つの数字で10をつくる問題」(111ページ)では、最後に10をつくる式から考えます。1、1、9、9から10をつくるには、ある分数にある整数を掛けて10になる式から考えることがヒントになります。

2−14　立体の体積と表面積

高校で積分を学習すると、その応用としていろいろな立体の体積や表面積の公式を厳密に導くことができます。しかし中学校段階では、ただ暗記するだけで終わります。その結果、たとえば球の表面積の公式に出てくる $4\pi r^2$ と球の体積の公式に出てくる $\frac{4}{3}\pi r^3$ を取り違えて使って平然としている、というようなことがしばしばあるのです。この項では、そんな過ちを犯さないように、いろいろな立体の体積や表面積の公式を視覚的に理解できるように説明しましょう。

第1部の最終項で、立方体を3つの合同な四角すいに分けることを示しました。その1つを次のように図示したとします。

図1

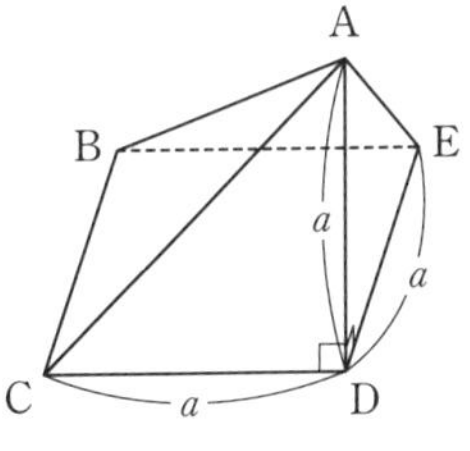

それを、底面に平行なたくさんの平面で等間隔 h に切るとすると、次のようになります。

図2

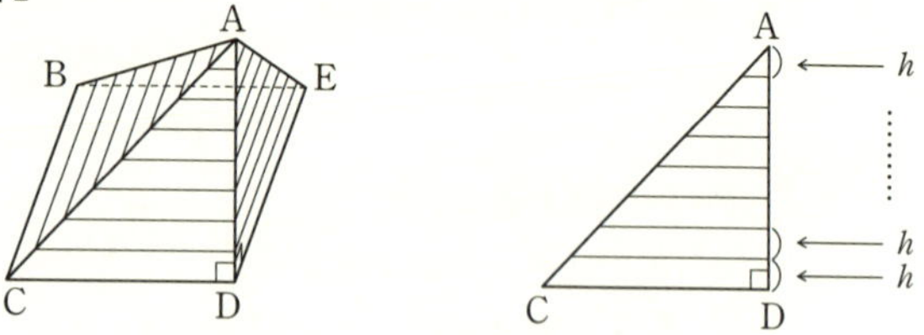

これは、底面が正方形の薄い直方体が積み上げられているようにおおよそ見なすことができます。ただし高さはどれも h で、底面はすべて正方形ですが、底面の１辺の長さは、下から

$$a-h,\ a-2h,\ a-3h,\ \cdots,\ 2h,\ h$$

となります。

そして、底面が１辺 a の正方形で高さも a の四角すいを１つ想定すると、図２のような薄い直方体をずらすことによって、その図形とほぼ一致するように重ねることができます。

図3　（薄い直方体が段々に積み上げられている状態）

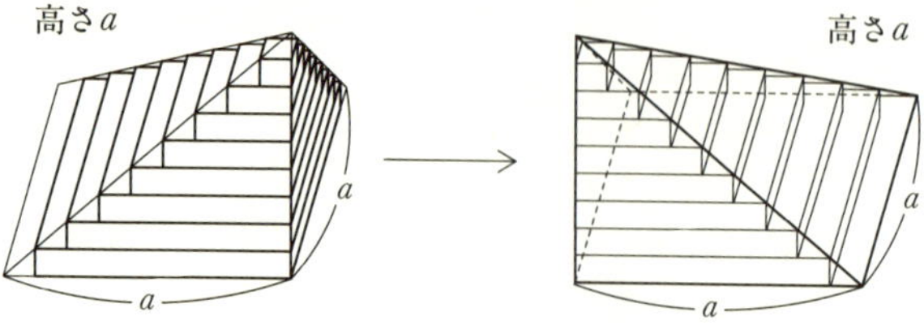

それによって、底面が1辺aの正方形で高さもaの四角すいは、どれも同じ体積となることが視覚的に理解できるでしょう。

次に、底面が1辺aの正方形で高さがaのm倍（$m>0$）の四角すいの体積を考えます。そのために、図3にある高さhの直方体それぞれの高さをm倍にして積み上げてみます。するとデコボコは大きくなったり（$m>1$）、小さくなったり（$m<1$）するものの、高さmaの四角すいに近い形になります。もしデコボコが気になる場合は、もともとの直方体それぞれの高さhをより0に近い値にしておけばよいのです。

いずれにしろ、それぞれの直方体は、底面積は変わらないものの高さはm倍になっています。すなわち、それぞれの直方体の体積はm倍になっているのです。したがって、底面が1辺aの正方形で高さをaのm倍にした四角すいの体積は、もともとの四角すいの体積のm倍になることが視覚的に理解できるでしょう。

もともとの四角すいは立方体を3等分したうちの1つですから、以上によって、底面が正方形の場合ですが、四角すいの体積公式

底面積×高さ÷3

が理解できます。

では底面が正方形でない場合はどうでしょうか。

円すいにしても角すいにしても、次ページの図4のように、底面はたくさんの小さな正方形を敷き詰めた形で〝近似〟することができます。

図4

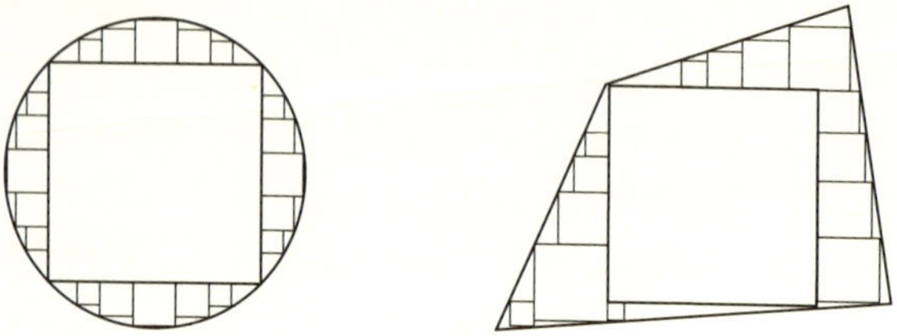

それゆえ、これらのような「すい体」も、底面が正方形の四角すいの体積の和によって近似されることになります。そして、たとえば下の図5のように底面が3つの正方形を合わせた図形になっていて、高さがHの角すいの体積は、その下のような式として表せます。

図5

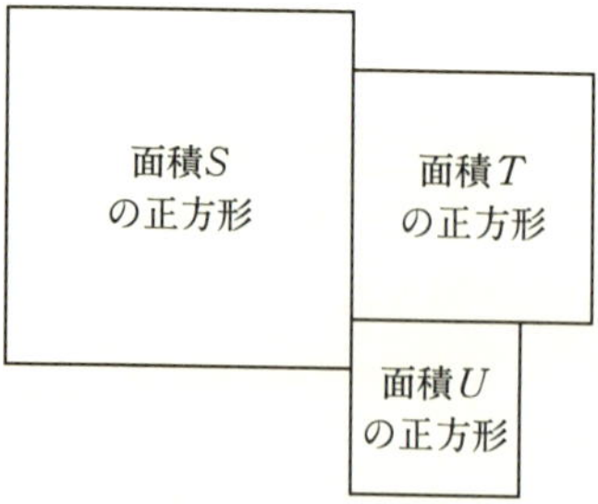

$$
\begin{aligned}
\text{体積} &= S \times H \div 3 + T \times H \div 3 + U \times H \div 3 \\
&= (S + T + U) \times H \div 3
\end{aligned}
$$

このように考えることによって、どのような「すい体」の体積も、

底面積×高さ÷3

と表せることが理解できるのです。

今度は球の体積を考えましょう。そのためには、半球の体積は、

$$\pi \times r^3 \times \frac{2}{3}$$

として表せることが理解できればよいのです（球の体積は上の$\frac{2}{3}$を$\frac{4}{3}$に変更したもの）。ただし、rは半径でπは円周率です。

まず、下図の回転体を考えましょう。（ア）は4分の1の円で、（イ）は直角二等辺三角形です。

図6

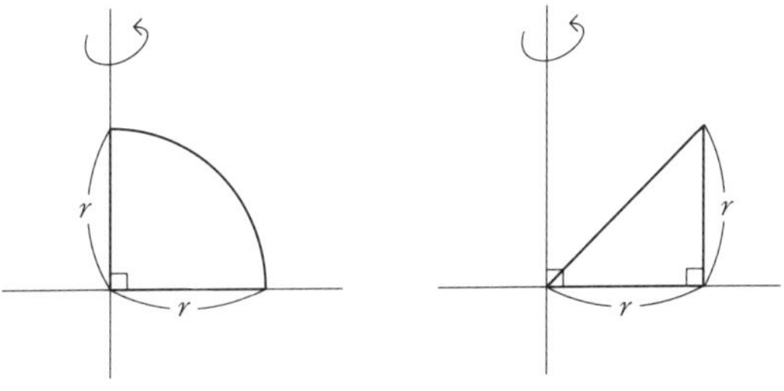

（ア）　　（イ）

（ア）を回転させると半球になり、（イ）を回転させると円柱から円すいをくりぬいた形になります。ここ

で、図７の点線で示した部分は、回転体ではどのような面積になるか考えてみます。

図７

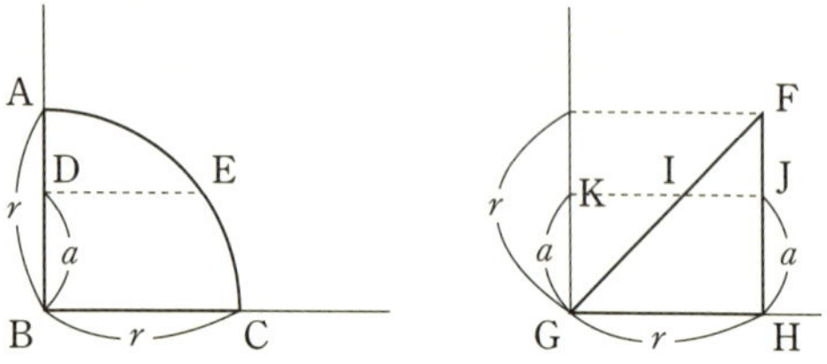

（ア）　（イ）

DEの回転体における面積

$= \pi \times$ (DEの２乗)

$= \pi \times$ (BEの２乗 − DBの２乗)

$= \pi \times (r^2 - a^2)$

ＩＪの回転体における面積

＝ 半径KJの円の面積 − 半径KIの円の面積

$= \pi \times r^2 - \pi \times a^2$

よって、それぞれの面積は同じになります。

そしてこのDE、ＩＪのような線分でつくる平面図形を、それぞれの回転体において同じ幅でたくさん作ります（図８）。こうしてみれば、（ア）の回転体である半球の体積と、（イ）の回転体である（円柱から円すいをくりぬいた）立体の体積は等しくなることが視覚的に理解できることでしょう。

図8

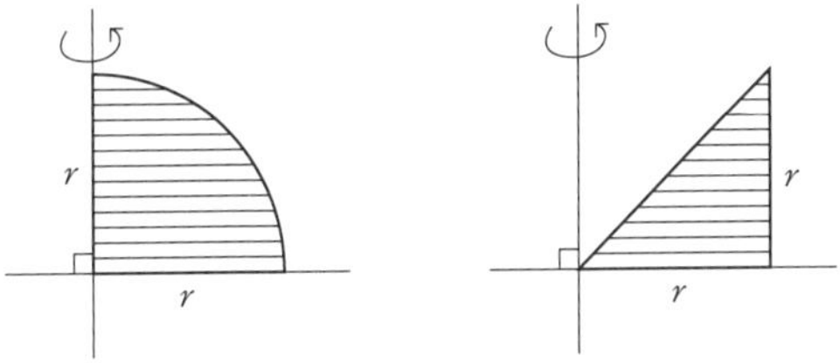

(ア)　　　　　(イ)

以上から、

(ア) の回転体の体積

= 半径 r で高さ r の円柱の体積

　－半径 r で高さ r の円すいの体積

$= \pi \times r^2 \times r - \pi \times r^2 \times r \div 3$

$= \pi \times r^3 \times \frac{2}{3}$

が導けたことになります。

では、球の表面積の説明に移りましょう。

球の表面積の公式 $4\pi r^2$ を理解するには、球を半分にした半球の、切り口を除いた部分の表面積が

$2 \times \pi \times r^2$

であることを理解できればよいのです。そのために次ページの図9のように、半球の中心を頂点とし、高さ r の角すいが非常に多く集まったものとして半球を見

なします。もちろん角すいだから表面は滑らかにはなりませんが、ここでも角すいの底面積を限りなく０に近づけたものとして考えればよいのです。

図９

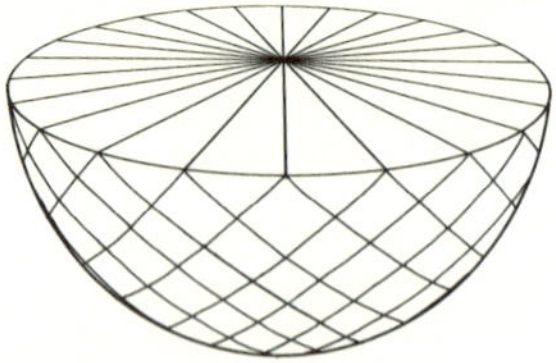

図５を用いた144ページの説明と同じようにして考えると、

半球の切り口を除いた部分の面積

≒敷き詰めている角すいの底面積の和

≒半球の体積 ÷ (それぞれの角すいの高さ) $r \times 3$

$$= \pi \times r^3 \times \frac{2}{3} \div r \times 3$$

$$= 2 \times \pi \times r^2$$

がわかります。

以上の議論では、細分化したり伸ばしたり回転させたりするアイデアが重要でした。しかし振り返ってみると、いくつかの公式を導くうえで最も本質的な「鍵」は、第１部の最終項で述べた、「立方体を３つの合同な四角すいに分ける」ことだったのです。

第３部
高校数学の「つまずき」

高校は将来の進路を決めるときです。大きく分けると大学理系進学、大学文系進学、その他の3つ。大学文系やその他のコースを選択する人・した人にとって、「数学との付き合いは高校で終わり」と思われるかもしれませんが、本当にそうでしょうか。

高校での数学は、「三角関数」、「ベクトル」、「行列」、「微分積分」など、中学校以上に新しい概念が次々に登場してきます。また、それにともなって見慣れない記号も格段に増えます。しかし、それらはいずれも基礎的なもので、専門数学ばかりでなく実社会で役立つ数学の「入り口」になっています。だからこそ、とくに「文系」の人にとっては、かえって縁遠いものとして感じられるのかもしれませんが。

「数学を勉強することに何の意味があるのか？」という疑問を最ももちやすいのがこのレベルです。しかしながら、数学的なものの考え方は、「思わぬときに」あるいは「見えないところで」役立つものなのです。

高校までに学ぶ数学は、素朴な「道具」でもあります。ですから、いわゆる「文系」の人はそれを十分に知って、上手に人生に役立てる気持ちをもってほしいと思います。そして「理系」に進む人には、問題解法の「やり方」だけに頼るのではなく、基礎の段階から一歩ずつ、ごまかさないで学んでいく姿勢が望まれます。

3－1　記号は単なる言葉にすぎない

先に述べたように、高校の数学になるといろいろな記号が新たに現れます。いくつかの和「Σ」、正弦「sin」、余弦「cos」、対数「log」、順列「P」、組み合わせ「C」、ベクトル「→」、極限「lim」、微分「′」、積分「∫」……等々。

経験から述べると、記号に対する意識を知るだけで、その人は数学が得意かどうか、大概わかります。数学を得意とする人たちは、知らない記号や意味を忘れてしまった記号に直面しても、恥ずかしいという気持ちをほとんどもたずに他人に聞いたり自分で調べたりします。一方、数学が不得手という人たちは、他人に聞かないばかりか、自分で調べることもしません。

およそ記号というものは、単に言葉です。自動車の制限速度を示す次の標識を見比べて下さい。

図1

どちらも「制限速度時速50km」を意味しますが、右のほうはゆっくり読む必要があるのに対して、左のほうはひと目見ただけで正確にその意味がわかります。それゆえ左のほうが優れているのです。

数学の記号も同じで、見ただけでその意味が正確に伝わる「言葉」です。いくつかの和を表す記号Σ（シグマ）を例にして、数学で記号を使うメリットを具体的に示しましょう。まず、次の（ア）と（イ）を見て下さい。

（ア）1に2、3、4、5、6、7、8、9、10を次々と加えていった和

$$=1+2+3+4+5+6+7+8+9+10$$

$$=\sum_{n=1}^{10} n$$

（イ）$1\cdot 3+2\cdot 4+3\cdot 5+4\cdot 6+5\cdot 7+6\cdot 8+7\cdot 9$

$$=\sum_{n=1}^{7} n(n+2)$$

（ア）はΣを使うと短く簡潔にまとめられることを示し、（イ）はΣを使うと和の意味する本質を表現できることを示しています。

ほかの数学記号も同じようなメリットをもちますが、なかには誤解を招きかねないような例外的な記号もあります。のちの項でいくつか記号を説明しますが、大切なのは、「わからなければ、恥ずかしがらずに気軽に聞いたりきちんと調べたりする」ことです。

3－2　三角関数は三角比から理解する

数学においては、いろいろな概念が拡張されて発展しています。そこで、「拡張された概念を理解すれば、その出発点となる具体的な概念は理解しなくてもよいのではないか」という議論がよくあります。たしかに数学者の研究においてはそれで構わないことも多くあります。しかし、高校の段階にまでその考えを一般的に適用するのは問題です。

「三角比」とは、直角三角形の上で定められる２つの辺の比の値、すなわち正弦 sin（サイン）、余弦 cos（コサイン）、正接 tan（タンジェント）などのことをいいます。「三角関数」はこれを拡張した概念ですが、まず、三角比からの $\sin\theta$ の定義を説明します。

図１

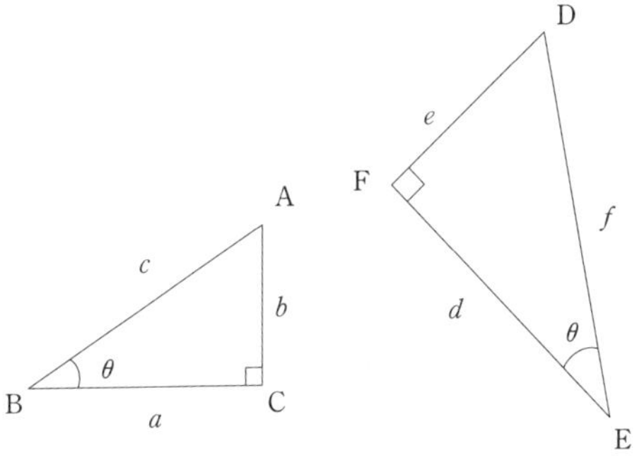

（ア）　（イ）

前ページ図１において、角θ（シータ）によって定まる２つの直角三角形は相似です。それゆえ、

$$\frac{\mathrm{AC}}{\mathrm{AB}} = \frac{\mathrm{DF}}{\mathrm{DE}}$$

$$\frac{b}{c} = \frac{e}{f}$$

となります。このように、相似な直角三角形においては、直角以外の角θに対して、

　　θと向き合う辺の長さ÷斜辺の長さ

は一定になります。そして、その値を $\sin\theta$ と定めるのです。これが三角比からの $\sin\theta$ の定義です。同様に、$\cos\theta$ は $\frac{a}{c}$、$\tan\theta$は $\frac{b}{a}$ で定められます。

ここで大切なことは、１つの角が同じθの相似な直角三角形に対しては、「ただ１通りに$\sin\theta$が定められる」ということです。大きさにも関係なく、置かれている向きにも関係ありません。ところが、大きさや置かれている向きが違っただけで、$\sin\theta$がわからなくなってしまう高校生が少なくないのです。これは、三角比の概念をきちんと理解しなかったり、三角関数に気をとられるあまりに忘れてしまったりしたことが原因だと思われます。

直角三角形による正弦$\sin\theta$や余弦$\cos\theta$などの定義を学ぶことによって、単に図形の問題への応用ばかりか、図２におけるxの測定のようなものにも直ちに応用することができます。

図2

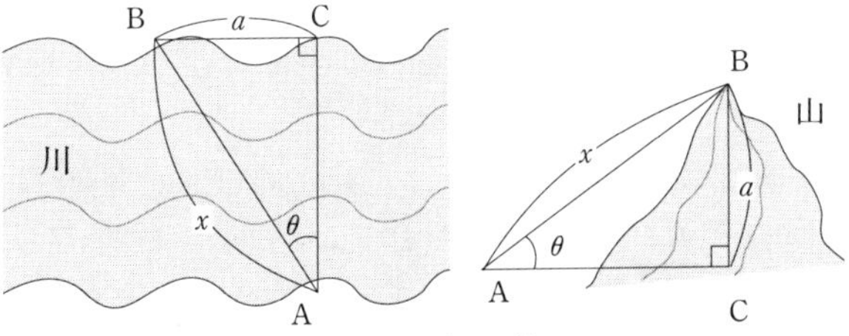

aとθは既知の値

（ア）　　　（イ）

次に、三角関数としての$\sin\theta$の定義を説明しましょう。図3のxy座標平面上にある円は、どちらも半径が1で中心は原点にあります。

図3

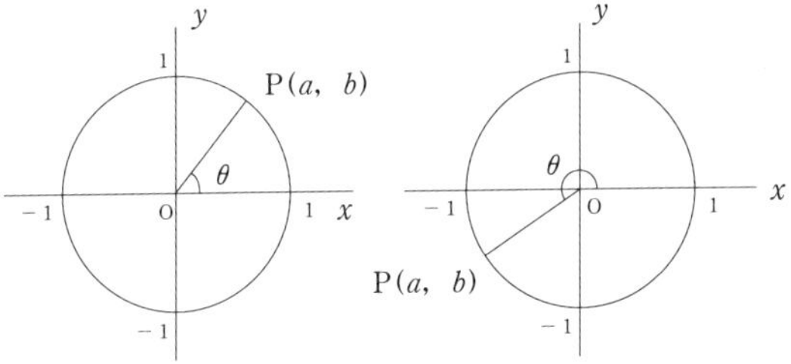

（ア）　　　（イ）

原点Oと点（1, 0）を結ぶ線分を、原点を中心として時計と反対向きに角度θ分だけ回転させ、点(1, 0)が移った先の点をP(a, b) とします。このとき、

$$\sin\theta = b, \quad \cos\theta = a$$

と定めます。

この定義を頭に入れると、

$\sin 30^\circ$,　$\cos 45^\circ$

のような三角比としての値ばかりではなく、図3の（イ）のように、180°より大きい

$\sin 225^\circ$,　$\cos 330^\circ$

のような値も簡単に求められることになります。そして、これだけを知っていれば試験においてもそれほど困ることはないかもしれません。

ところが、三角比を学ばないでこの定義だけから$\sin\theta$や$\cos\theta$を学んだ人は、ある種の問題に関して実に〝ひよわ〟なのです。たとえば図2のような状況に置かれても、「川や山には半径1の単位円がないからわからない」などとなってしまうでしょう。

大切なことは、両方の定義の「つなぎ」をしっかり学ぶことです。図3（ア）の状況において、次の図を用いて説明しましょう。なお、三角比からの$\sin\theta$を、ここでは便宜上$\mathrm{SIN}\,\theta$と書くことにします。

図4

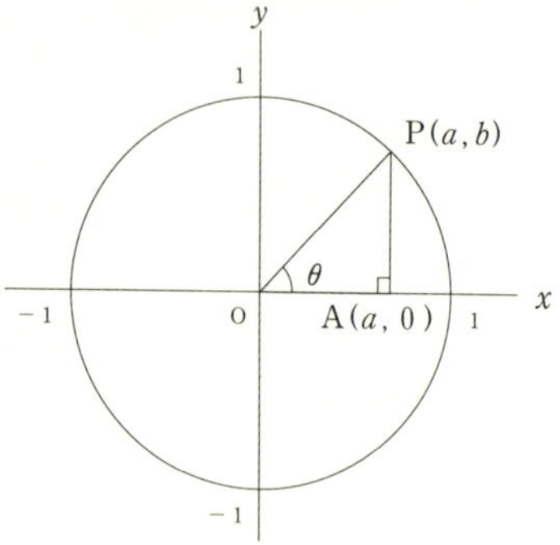

図4において、

$$\mathrm{SIN}\,\theta = \frac{\mathrm{PA}}{\mathrm{OP}} = \frac{b}{1} = b = \sin\theta$$

となることがわかるでしょう。この式によって、三角比からのSINθと三角関数からのsinθは結ばれたことになります。この「つなぎ」をせずに両方ばらばらに学習することが、結局、三角関数に関してつまずきやすい状態のもととなるのです。

ご存じのように三角関数では、

$$\sin^2\theta+\cos^2\theta = 1$$

という公式や、三角関数の加法定理、正弦定理、余弦定理などさまざまな公式が出てきます。それゆえ、公式の「暗記」に追われてしまいがちなのですが、三角関数は三角比の性質を一般角に拡張した関数であるということをきちんと理解することが望まれます。

2005年の秋に、ある県の高校数学教員研修会に講師としてよばれたとき、その県でトップクラスの公立高校の先生が、深刻な表情で次のように報告されていました。

「最近、答えのsinθが1より大きい値になっても間違いに気づかないどころか、それを変だと指摘しても別におかしいとは思わない生徒がいる」と。

直角三角形のイメージをもっていれば、斜辺は他の辺より長いので、そのようなことは決して起こらないはずなのですが。

3－3　2次関数で学ぶ位置関係

最初に直線のグラフの移動（平行移動）を見て下さい。

図1

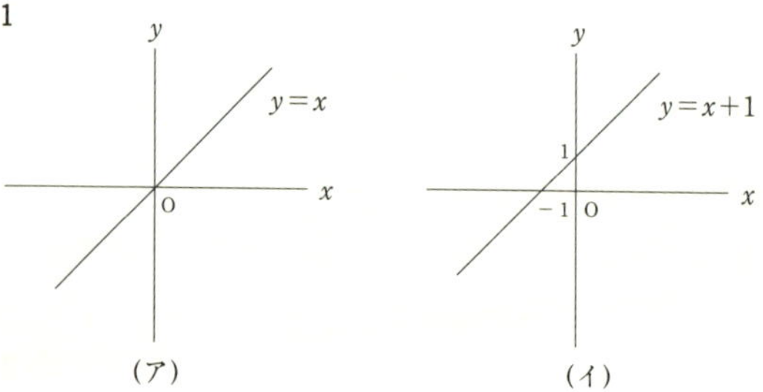

（イ）のグラフは（ア）のグラフをy軸方向に＋1（y軸方向に上に1）ずらしたものですが、（ア）のグラフをx軸方向に-1（x軸方向に左に1）ずらしたものでもあります。これを見てもわかるように、関数のグラフの移動を学ぶ素材として、直線として表される1次関数は適当な教材ではありません。

しかし、放物線として表される2次関数では、頂点の位置関係を見ることによって移動（平行移動）がよく理解できるのです。だからこそ、関数の移動は2次関数によってしっかりと学んでおくことに意味があるわけです。

図2

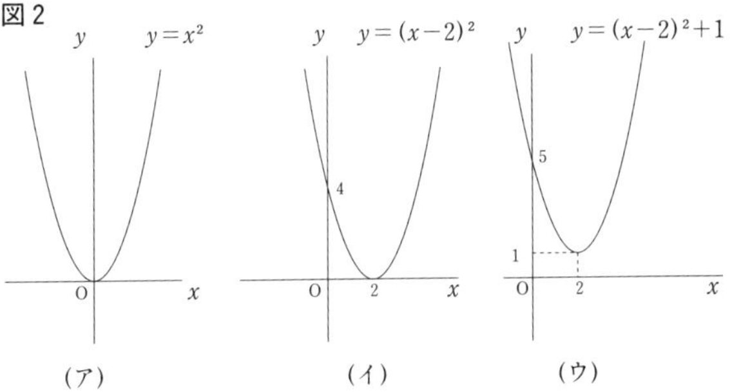

〈2−10「関数」と「関数のグラフ」の意味〉でも述べましたが、関数のグラフを描くときは、関数が表すいくつもの点をとって描くことが大切です。それを忘れてはなりませんが、図2の（ア）から（ウ）への平行移動は（イ）を経由することによって理解しやすくなるでしょう。すなわち、2次関数

$$y = x^2 - 4x + 5$$

のグラフは、その項点に着目するために

$$y = (x-2)^2 + 1$$

という完全平方形に直します。そして、2次関数

$$y = x^2$$

のグラフを、

$$y = (x-2)^2$$

$$y = (x-2)^2 + 1$$

というように、順に平行移動してとらえればよいのです。

なお、(イ) を経由することなく（ア）から（ウ）

へいきなり移動する学習法は考えものです。それは、

$$y=(x-2)^2+1$$

の式とそのグラフを見比べて、「xを-2するとx軸の正の方向に2動くのに、式の最後の$+1$でy軸の正の方向に1動くのは何か変な気がする」というような質問をする生徒がたくさんいるからです。その原因を探ると、たいてい（ア）から（ウ）へいきなり移動するような「やり方」優先の学習法からスタートしているのです。

さて、〈2−11「xy座標平面上の直線」の使い方〉で、2元連立1次方程式の状況をグラフによって視覚的にとらえる意味を述べましたが、2次関数のグラフによって2次不等式の問題を視覚的にとらえることができます。それによって、「視覚」を利用しない解法と比べて「安心」して問題を解くことができます。その例を挙げましょう。

2次不等式

$$(x-1)(x-2)<0$$

を考えます。左辺$=0$となるのは、$x=1, 2$のときですが、

$$y=(x-1)(x-2)$$

すなわち

$$y=x^2-3x+2$$

$$=\left(x-\frac{3}{2}\right)^2-\frac{1}{4}$$

という2次関数のグラフを描くと図3のようになり、

頂点の座標は $\left(\frac{3}{2},\ -\frac{1}{4}\right)$ です。

図3

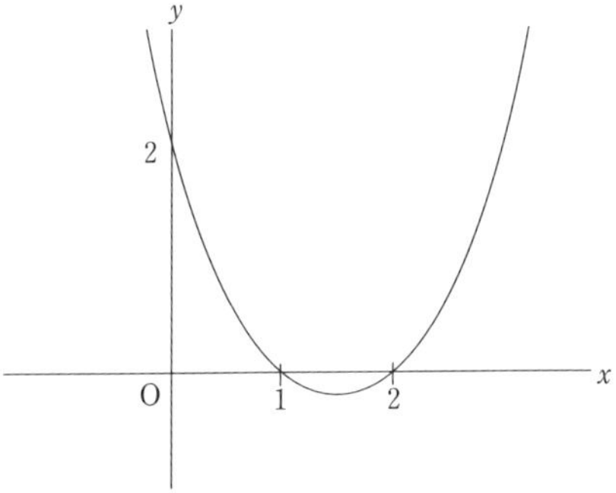

したがって、その関数の値域が負となる x の範囲は、

$$1 < x < 2$$

となります。

このようにして問題の不等式は解けますが、もし「視覚」を用いないとすると、

$$x<1,\ 1<x<2,\ x>2$$

の値をそれぞれとって、それらを $(x-1)(x-2)$ に代入して確かめることになるのでしょう。

このように、「やり方」だけを覚えて問題に取り組む人は、常にある種の不安感を感じることになります。一方、視覚的にとらえる人は、根っこに常に「安心」をもっていられるのです。このことは、実に大きなアドバンテージになることでしょう。

3－4 「並べる＝P　選ぶ＝C」と覚えるな

ものの個数を数えるとき、順列記号のPや組み合わせ記号のCを使わなくてはならないと勘違いしている大学生が多いのは、教員として残念でなりません。素朴に「イチ、ニ、サン、……」とひとつずつ数えることをなぜ忘れてしまったのか。丁寧にひとつずつ数える経験を十分にしないうちからＰやＣを使う練習ばかり行ったからに違いありません。

順番を付けたものの個数を数えるとき、図1、図2のような「樹形図」の考え方はとても大切です。なぜなら、どのように数えたかという結果をわかりやすく残しているため、見落としがないかどうかを見直すときにとても便利だからです。さらに、あとで述べるように、順番を付けないものの個数を数えるとき、すなわち組み合わせを考えるときにも応用が容易です。

図1

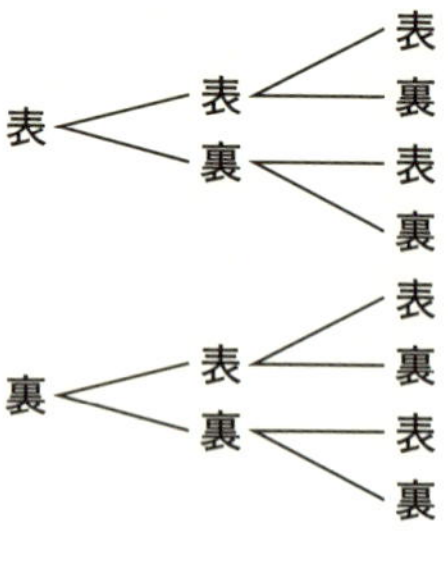

コインを3回投げる場合

図2
同じ地点を2度通らずにAからEへ行く道順

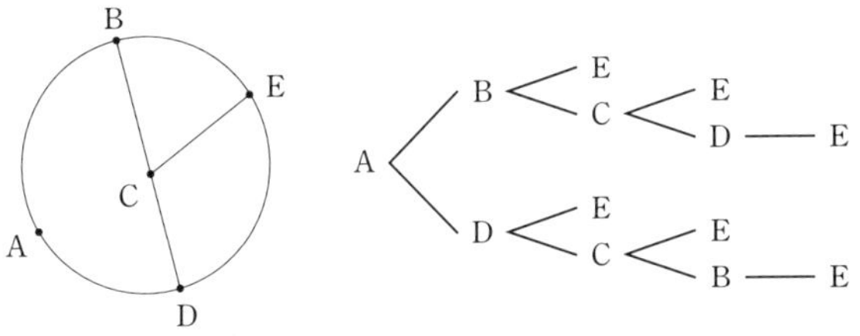

小中学生向けの算数絵本シリーズ『よしざわ先生の「なぜ？」に答える数の本』（日本評論社）の第2巻では、樹形図の考え方を徹底して使ってものの個数を数え、それからいろいろな確率を導いていますが、それは上で述べたことを踏まえたからです。

また、私がかつて勤めていた大学の入試で、問題の意味さえ理解できれば小学生にも解くことができるようなものの個数を数える問題が出題されたことがあります。無理にPやCを使おうとして間違った解答がたくさんありましたが、一般的にも、そのような整数に関わる問題よりも、一見難しそうな微分積分の計算問題のほうがむしろ成績はよいのです。

もちろん、順列記号のPや組み合わせ記号のCは大切なものです。ここで説明しておきましょう。

相異なるn個のものからr個を順番を付けて並べる場合（順列）の総数を、

$_n\mathrm{P}_r$

と書きますが、この順列の総数の求め方は、最初から順番に考えていけばわかりやすいと思います。すなわち、1番目の候補はn通り、その各々に対して2番目の候補は（$n-1$）通り、その各々に対して3番目の候補は（$n-2$）通り、……となっていきます。したがって、次の式がわかります。

$$_n\mathrm{P}_r=n\times(n-1)\times(n-2)\times\cdots\times(n-r+1) \quad \cdots☆$$

たとえば、「アルファベット26文字から異なる3文字で作る文字列の総数」であれば、

$$_{26}\mathrm{P}_3=26\times25\times24=15600$$

となります。

☆の式を扱いやすいものにするために、「！」(階乗)を使って、

$$n!=n\times(n-1)\times(n-2)\times\cdots\times2\times1$$

$$0!=1$$

と定めます。そして、☆式を次のように変形します。

$$_n\mathrm{P}_r$$

$$=\frac{n\times(n-1)\times\cdots\times(n-r+1)\times(n-r)\times\cdots\times2\times1}{(n-r)\times\cdots\times2\times1}$$

$$=\frac{n!}{(n-r)!}$$

どのような変形を行ったかがわからない場合は、先の「アルファベット26文字から異なる3文字で作る文字列の総数」という例をあてはめてみてください。

$$ {}_{26}P_3 = \frac{26\times25\times24\times23\times22\times\cdots\times2\times1}{23\times22\times\cdots\times2\times1} $$

「23×22×…×2×1」で約分できるわけです。これで、順列の数の公式

$$ {}_nP_r = \frac{n!}{(n-r)!} $$

の導き方は理解できるでしょう。ただし、実はここでも小さなつまずきが起こることがあります。それは、「どうして0！は1なのですか？」ということです。これについて私は、「0！＝1と定めることによってrがnの場合にも公式が適用できるようになり、さらに次に定義する組み合わせ記号のCでも、rがnと0の場合に公式が適用できるようになるからです」と答えるようにしています。

次に、相異なるn個のものからr個を順番を付けないで選ぶ場合（組み合わせ）の総数を、

$$ {}_nC_r $$

と書きます。

アルファベット26文字から異なる3文字で作る文字列の総数は、

$$ {}_{26}P_3 = 26\times25\times24 = 15600 $$

でしたが、それらのうちの特定の3文字からなる文字列の総数は

$$ {}_3P_3 = 3\times2\times1 = 6 $$

です。たとえば特定の3文字をA、B、Cとして考え

ると、以下の6個になります。

図3

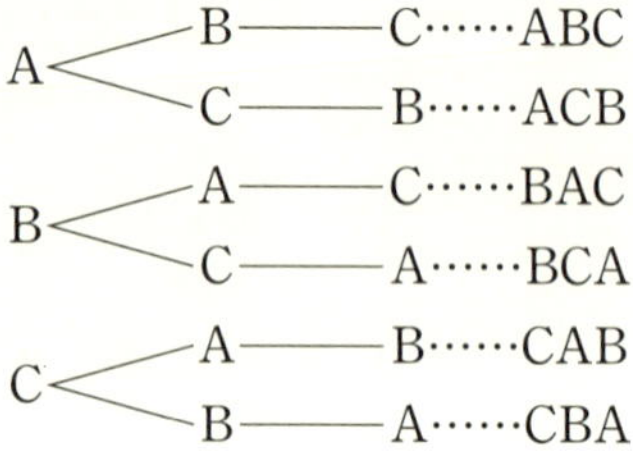

これら6個は、順番を付けない組み合わせとして考えると、1つにまとめられます。

このようにして、

$$ {}_{26}C_3 = \frac{{}_{26}P_3}{{}_{3}P_3} = \frac{15600}{6} = 2600 $$

を得ます。

以上と同じようにして一般的に考えると、

$$ {}_{n}C_r = \frac{{}_{n}P_r}{{}_{r}P_r} = \frac{\dfrac{n\,!}{(n-r)\,!}}{r\,!} = \frac{n\,!}{(n-r)\,!\,r!} $$

となります。そして、前に指摘したように、$0\,! = 1$と定めてあるので、上の公式は$r = n, 0$の場合にも適用できるのです。

参考までに、国際的には${}_{n}P_r$も${}_{n}C_r$もあまり使いません。そして${}_{n}C_r$についてのみ、代わりに

$$ \binom{n}{r} $$

で表す記法が一般的です。

さて、以上に述べてきた内容をきちんと理解すれば、たとえば「26人のクラスから委員長、副委員長、書記の3人を選び出す場合の総数はいくつになりますか」という問題に対して、

$${}_{26}P_3=15600$$

が出てくるはずです。先のアルファベットの例とまったく同じなのですから。ところが、「並べる＝P」「選ぶ＝C」とだけ覚えている高校生が実に多く、そのような生徒は、

$${}_{26}C_3=2600$$

という答えを平気で書いてしまいます。「選ぶ」という言葉に機械的に反応しているわけです。

意味を理解しないで「やり方」だけに頼る勉強法の危険な面が、ここにも現れているのです。

3－5　確率の出発点は「同様に確からしい」

コインを投げたりサイコロを振ったりする試行の結果として起こる事柄を、「事象」とよびます。コインを投げる試行によって起こりうるすべての事象は表と裏で、サイコロを振る試行によって起こりうるすべての事象は1、2、3、4、5、6の目です。

ある試行において、起こりうるすべての事象が同じ程度に起こると考えられるとき、それらすべての事象は「同様に確からしい」と言います。したがって、いかさま博打《ばくち》で使われるコインやサイコロについては、「同様に確からしい」とは言いません。

余談になりますが、実は非常に厳密に考えると、「同様に確からしい」と言えるものはこの世に存在しません。どんなサイコロでも、出る目に関して癖があります。かつて新聞に、チタン塊から削り出した〝究極のサイコロ〟作りの記事が出ていたほどです（05年12月10日付東京新聞）。読者のみなさんの中には、「乱数表を使えば『同様に確からしい』事象を演出できるのではないか」と想像される方もいると思います。ところが、残念ながらどんな実在の「乱数」にも必ず周期が出てしまいます。ちなみに現在、世界でもっとも秀でている「乱数」は「Mersenne Twister法」というもので、1990年代後半に日本の研究者が開発したものです。

しかし数学の議論のうえでは、普通のコインや市販のサイコロを使った事象は「同様に確からしい」と考えていることを確認して、話を戻しましょう。

ある試行において起こりうるすべての事象がn個あって、それぞれの事象が同様に確からしいとします。このとき、それらのうち特定の事象Aの個数がaのとき、

$$\text{事象Aの確率} = \frac{a}{n}$$

と定めるのです。

たとえば、コインを2回投げるとき、起こりうるすべての事象は、

表表、表裏、裏表、裏裏

の4通りが考えられ、それらは同様に確からしい。それゆえ、2回とも表となる確率は$\frac{1}{4}$になります。

また、2つのサイコロを振るとき、起こりうる目の数の合計は、

2、3、4、5、6、7、8、9、10、11、12

の11通りが考えられますが、それらは同様に確からしいとはいえません。実際、

$$\text{目の数の合計が偶数となる確率} = \frac{6}{11}$$

と書いては誤りです。2つのサイコロをA、Bとして、それらを投げたときの目を（Aの目，Bの目）で表せば、起こりうるすべての事象は、

(1,1)、(1,2)、(1,3)、(1,4)、(1,5)、(1,6)、
(2,1)、(2,2)、(2,3)、(2,4)、(2,5)、(2,6)、
(3,1)、(3,2)、(3,3)、(3,4)、(3,5)、(3,6)、
(4,1)、(4,2)、(4,3)、(4,4)、(4,5)、(4,6)、
(5,1)、(5,2)、(5,3)、(5,4)、(5,5)、(5,6)、
(6,1)、(6,2)、(6,3)、(6,4)、(6,5)、(6,6)

の36通りが考えられ、それらは同様に確からしいと言えます。それゆえ、以上から数え出して、

$$\text{目の数の合計が偶数となる確率} = \frac{18}{36} = \frac{1}{2}$$

となるのです。

およそ高校生が確率でつまずくとき、表面的にはいろいろな公式の使用法に関する間違いのように見えても、本質的には「同様に確からしい」ことの最初の確認からきちんと組み立てる心構えができていない場合が多いのです。それに関連する例をひとつ挙げましょう。

2つのサイコロを振るとき、少なくとも1つの目が3となり、かつ、目の数の合計が偶数となる確率を考えましょう。上で示した36個の（Aの目，Bの目）のうち、該当するものは次の5個です。

(1, 3)、(3, 1)、(3, 3)、(3, 5)、(5, 3)

それゆえ、求める確率は$\frac{5}{36}$となります。

ところが、次のような誤った解答をする生徒がかなり多いのです。

2つとも3以外の目が出る確率

$$=\frac{5}{6}\times\frac{5}{6}=\frac{25}{36}$$

ゆえに、

少なくとも1つが3の目となる確率

$$=1-\frac{25}{36}=\frac{11}{36}$$

一方、

$$\text{目の数の合計が偶数となる確率}=\frac{1}{2}$$

したがって、「かつ」は掛けることなので、

$$\text{求める確率}=\frac{11}{36}\times\frac{1}{2}=\frac{11}{72}$$

この解答例はどこが間違っているでしょうか。

前半の部分は、「少なくとも1つが3の目」を求めるために、いわゆる外側にある「余事象《よじしょう》」の「2つとも3以外の目」の確率を求め、それを1から引いて求めたのであって、問題はありません。また、目の数の合計が偶数となる確率にも誤りはありません。

しかし、「『かつ』は掛けること」を使った部分に誤りがあります。これも「やり方」だけを覚える勉強法の弊害と言えます。

実は、「『かつ』は掛けること」が使えるのは、「かつ」の前後にある確率を与える事象が「独立」、すなわち相互に影響を与えないことが条件となります。こ

の例で言えば、「少なくとも1つが3の目」という事象と、「目の数の合計が偶数」という事象が「独立」になっていないのです。実際、先に示した36個の（Aの目，Bの目）を見てみれば、「少なくとも1つが3の目で、両方の目の数の合計が偶数」の確率は$\frac{5}{36}$で、「少なくとも1つが3の目で、両方の目の数の合計が奇数」の確率は$\frac{6}{36}$というように、等しくなりません。これは、「少なくとも1つが3の目」という事象が、「両方の目の合計が偶数」という事象と影響を与え合っているからです。

このように、2つの事象A、Bが独立でないときは、AかつBの確率を求めるときに、AとBのそれぞれの確率を掛けて求めてはならないのです。

もちろん、「独立」の例はたくさんあります。たとえば、サイコロを続けて何回も投げるとき、各回ごとの目は独立です。また、コインとサイコロが1つずつあって両方を投げるとき、コインの表裏とサイコロの目も独立です。それゆえ、

［コインが表］かつ［サイコロの目が6］の確率

＝［コインが表の確率］×［サイコロの目が6の確率］

$$= \frac{1}{2} \times \frac{1}{6} = \frac{1}{12}$$

は成り立ちます。

もっとも、そのように独立性を用いた計算をしなくても、次の樹形図（図1）にあるすべての場合は「同様に確からしい」ので、$\frac{1}{12}$は出てきます。

図1

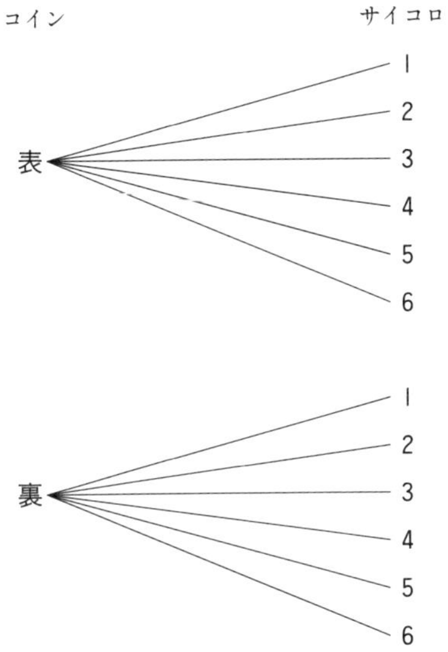

確率は実生活においても、じゃんけん、くじ引き、天気予報、経済活動などさまざまなところで現れるものです。ところが、数学の他の事項については得意であっても、確率だけは苦手という人は少なくありません。その「苦手」の核心は、公式を使って答えは出してみるものの、それに対する「安心感」が他の事項ほどにはもてないことにあります。

本項では「同様に確からしい」と「独立」を取り上げましたが、この２つをしっかり理解すると、「安心感」は急速に高まるのです。

3－6　数学的帰納法の「形式」

小さい子どもが最初に習う数字は、

1, 2, 3, 4, 5, …

という自然数（正の整数）です。数学にもいろいろな世界があって、自然数を論理的に組み立てた「ペアノの公理」というものがあります。それは以下（1）から（5）で成り立っていますが、適当に斜め読みしても構いません。ここで、「その後者と称する x'」とある x' は、$x+1$ を想像してください。

（1）1は自然数である。
（2）各々の自然数 x に対して、その後者と称する x' もまた自然数である。
（3）$x'=1$ となる自然数 x は存在しない。
（4）$x'=y'$ ならば $x=y$ である。
（5）自然数に関する任意の命題について、(ア)「それは1のとき真」で、(イ)「x のとき真であるならば x' のときも真」であるならば、その命題はすべての自然数に対して真である。

（5）は「数学的帰納法の公理」とよばれるもので、x を n、x' を $n+1$ に置き換えたものが、高校で学習する「数学的帰納法」そのものです。一例として、次の等式がすべての自然数について成り立つことを示しましょう。なお、式変形の部分は適当に読み飛ばしていただいても構いません。

$1^2-2^2+3^2-4^2+\cdots-(2n)^2=-n(2n+1)$ …(＊)

（ア）$n=1$のとき、

左辺$=1^2-2^2=-3$

右辺$=-1(2\cdot1+1)=-3$

よって、$n=1$のとき（＊）は成り立つ。

（イ）$n=k$のとき、（＊）は成り立つと仮定すると、

$1^2-2^2+3^2-4^2+\cdots-(2k)^2=-k(2k+1)$

両辺に$(2k+1)^2-(2k+2)^2$を加えると、

$1^2-2^2+3^2-\cdots-(2k)^2+(2k+1)^2-(2k+2)^2$

$=-k(2k+1)+(2k+1)^2-(2k+2)^2$

上式右辺

$=-2k^2-k+4k^2+4k+1-4k^2-8k-4$

$=-2k^2-5k-3$

$=-(k+1)(2k+3)=-(k+1)\{2(k+1)+1\}$

ゆえに（＊）は$n=k+1$のときも成り立つ。したがって、すべての自然数nについて（＊）は成り立つ。

本項で訴えたいのは、数学的帰納法には次のようにさまざまな記述のしかたがある、ということです。

Ⅰ．〈数学的帰納法の原形〉

（ア）$n=1$のとき成り立つ。

（イ）$n=k$のとき成り立つならば、$n=k+1$のときも成り立つ。

Ⅱ．（ア）$n=1$のとき成り立つ。

（イ）nのとき成り立つならば、$n+1$のときも成り立つ。

Ⅲ．（ア）$n=1$のとき成り立つ。

（イ）$n \leqq k$となるすべての自然数nについて成り立つならば、$n=k+1$のときも成り立つ。

Ⅳ．（ア）$n=1$のとき成り立つ。

（イ）n以下のすべての自然数について成り立つならば、$n+1$のときも成り立つ。

Ⅴ．〈背理法〉命題が成り立たない（最小の）自然数nをとり、推論を積み重ねて最終的な矛盾を導く。

　ほかにもありますが、問題なのは、教える側は断りなしにいろいろな記述法を使うのに対して、学ぶ側は唯一の形式があると考えがちなことです。このミスマッチが実は学ぶ側にとって大きな精神的負担になります。「帰納法」といっても堅苦しいものではなく、要は、論理的にきちんと構築されていればよいのです。

3－7　数値を代入する方法の落とし穴

〈2－4 方程式と恒等式〉でも触れましたが、恒等式とは、

$$x^2+2x+9=(x+1)^2+8$$

のように、xに「すべて」の数を代入して成り立つ等式のことです。この恒等式に関して次のような問題がよくあり、それを「未定係数問題」とよびます。

【問題】次の等式がxについての恒等式になるように、定数a，b，cの値を定めよ。

$$a(x-1)(x+1)+b(x+1)+c=x^2+3$$

この問題を普通に解くと、次のようにするでしょう。

【解答例１】

$$\begin{aligned}左辺 &= a(x^2-1)+b(x+1)+c\\ &= ax^2+bx+(-a+b+c)\end{aligned}$$

よって、

$$a=1,\ b=0,\ -a+b+c=3$$

から、

$$a=1,\ b=0,\ c=4$$

ところがこの問題は、次のようにしても解くことができます。

【解答例2】

与式に$x=-1, 0, 1$を代入すると、

$c=4, -a+b+c=3, 2b+c=4$

よって、

$a=1, b=0, c=4$

解答例1の方法では何も問題がありません。しかし、後者の解答例2の方法（「数値代入法」といいます）には小さな問題が残ります。それは、「もし解があるならば、$a=1, b=0, c=4$」ということはいえますが、「$a=1, b=0, c=4$で恒等式は必ず成立するのか、ひょっとして『解なし』という答えにはならないか」ということがはっきりしていないのです。

この問題に関しては、教科書によっても対応が異なります。「後者のほうでもまあいいではないか」という立場と「後者のほうでは最後に恒等式になることの確認をすべき」という立場の2通りがあるのです。

たしかに、問題の文章を読むと、「恒等式になるように」という記述があるので、「解なし」になることは起こらない前提があるようにも読めます。しかしながら、さまざまな問題を解く途中で、未定係数問題を自分自身で設定して利用することもあります。そのようなとき、数値代入法によって存在もしない係数を求

めて議論を先に進めると、大きく誤った解答にたどり着くことにもなりかねません。

もっと具体的に数値代入法の危険性を示しましょう。次の問題は「解なし」が正解ですが、数値代入法を行うと、こんな〝誤解答〟を導いてしまうのです。

【問題】a, bを定数として次の等式がxについての恒等式になるならば、a, bの値を定めよ。

$$a(x+1)^2+b=x^2+4$$

【(誤) 解答】

上式に$x=0$, -1を代入すると、

$$a+b=4,\ b=5$$

よって、

$$a=-1,\ b=5$$

正しくは、与式を展開して

$$ax^2+2ax+a+b=x^2+4$$

$$(a-1)x^2+2ax+a+b-4=0$$

から、

$$a=1,\ 2a=0,\ a+b=4$$

$a=1$, $2a=0$ は矛盾。よって解なし。

すなわち、与式は恒等式とならない。

問題文に「恒等式になるならば」とありますから、決してトリックではないのです。安易な「数値代入法」への警鐘と受け止めてください。

3－8　誤解しやすい論理の基礎

「論理」もまた、「なんだかごちゃごちゃしてわかりにくい」といわれやすい事項です。

「すべて」と「ある」の用法について何度か指摘しましたが、論理の基礎の部分では誤解しやすいところがいくつかあります。そこで本項では、「どのように誤解してしまうのか」という視点を中心に、論理の基礎部分でとくに大切な要点をまとめて説明しましょう。

「7は素数である」とか「素数は有限個しかない」のように、正しいか誤っているかが定まっている文のことを「命題」といいます（〈2－6 証明の鍵は「三段論法」と「矛盾」〉参照）。そして命題が正しい（成り立つ）とき、その命題は「真」であるといい、誤っている（成り立たない）とき、その命題は「偽」であるといいます。

pとqが命題であるとき、「pかつq」というものは、pとqの両方が真であるときのみ真であり、その他の場合は偽となる命題のことです。これに関して誤解することはありませんが、「pまたはq」には注意が必要です。それは、pとqの少なくとも一方が真のときに真であり、両方が偽であるときにのみ偽となる命題のことです。

日常語で、「田中君は社会または理科の試験が満点だった」と言うと、両方の試験が満点の場合は除外されているように聞こえます。しかし、数学の論理としては、両方とも満点の意味も含まれます。たとえば、「整数nは2の倍数であるか、または3の倍数である」と言うときには、nが6の倍数であっても構わないのです。

次に、Pが命題であるとき「Pでない」という命題をPの否定といい、記号$\overline{\mathrm{P}}$で表します。そこで、Pが真のとき$\overline{\mathrm{P}}$は偽となり、Pが偽のとき$\overline{\mathrm{P}}$は真となります。

pとqが命題であるとき、「pならばq」の否定文を「p ならば$\overline{\mathrm{q}}$」と言う人がとても多いのですが、これは誤りで、「pならばq」が主張していることは、「pが真のときはqも真になる」ということだけであって、pが偽の場合は、qについてはどちらでも構わないのです。したがって、

「pならばq」の否定文は「pかつ$\overline{\mathrm{q}}$」

なのです。日本語で、「体温が38℃以上なら病院に行く」と言うと、体温が37℃で病院に行くことは除外されるように聞こえます。しかし、数学の論理としては、37℃で病院に行っても構わないわけです。

次に、pとqを命題として、「pならばq」と「qならばp」の両方が成り立つとき、pとqは「同値」であるといいます。また、rとsがどんな命題であっても、「r

ならばs」とその「対偶」である「$\overline{\mathrm{s}}$ならば$\overline{\mathrm{r}}$」は同値であることはよく知られています。さらに、tとuが命題であるとき、「tならばu」が成り立ってもその「逆」である「uならばt」は必ずしも成り立たないこともよく知られています。

さて、不等式$2x<5$の変数xに2を代入すると真ですが、3を代入すると偽となります。実は、数学で扱う命題は、そのように変数を含む「条件命題」と呼ばれるものが普通です。

いま、$\mathrm{p}(x)$と$\mathrm{q}(x)$をxを変数とする条件命題として、「$\mathrm{p}(x)$ならば$\mathrm{q}(x)$」が真ならば、$\mathrm{q}(x)$を$\mathrm{p}(x)$であるための「必要条件」といい、$\mathrm{p}(x)$を$\mathrm{q}(x)$であるための「十分条件」といいます。さらに、$\mathrm{p}(x)$と$\mathrm{q}(x)$が同値であるとき、一方は他方が成り立つための「必要十分条件」であるといいます。一例をあげると、$x=2$は$x^2=4$であるための十分条件となりますが、必要十分条件にはなりません。

必要条件と十分条件を取り違えている人たちは多く、実は教員にもいます。私自身は個人的に、「それは最低限『必要』なことだよ」、「それだけやれば『十分』だよ」という文で覚えていますが、人それぞれいろいろな覚え方をもっているようです。「**必要も積もれば十分となる**」などと、しゃれた覚え方をしている人もいます。

条件命題における変数が動く範囲としての集合は当然ありますが、本書ではあまり深入りしません。しか

しながら、次のことはどうしても述べておく必要があります。それは、p(x)を条件命題として、

（i）「すべてのxについてp(x)」

（ii）「あるxについてp(x)」

という命題に関する用法です。以下、やさしい数式を用いた話題から説明してみましょう。

(ア) すべての実数xについて$x^2 \geqq 0$

(イ) ある実数xについて$x^2 \leqq 0$

(ウ) すべての素数nについてnは奇数

(エ) ある素数nについて$\sqrt{n}$は整数

（ア）が真であることは明らかです。$x=0$を考えれば、（イ）も真です。2は素数なので（ウ）は偽です。そして（エ）ですが、

$0^2=0,\ 1^2=1,\ (-1)^2=1$

で、0と1は素数ではありません。また、0、1、−1以外の整数mを2乗するとそれは素数にはなりません。それゆえ、（エ）は偽です。

（i）、（ii）の命題に関して誤解しやすい重要な点は否定の表現です。2つの文、

「クラスのすべての生徒は携帯電話をもっている」

「クラスのある生徒は身長が180cm以上である」

の否定は、それぞれ

「クラスのある生徒は携帯電話をもっていない」

「クラスのすべての生徒は身長が180cm未満である」

という文になります。

このように考えても、

（i）「すべてのxについて$\mathrm{p}(x)$」の否定は、
「あるxについて$\overline{\mathrm{p}(x)}$」
（ii）「あるxについて$\mathrm{p}(x)$」の否定は、
「すべてのxについて$\overline{\mathrm{p}(x)}$」
となることがわかるはずです。

ところが、$\mathrm{p}(x)$を$\overline{\mathrm{p}(x)}$に取り替えることは気づいても、「すべて」と「ある」を取り替えることまで気づかない人が非常に多いのです。

「すべての数a，bについて$a-b\neq b-a$」
は偽の命題です。それは、$a=b$となる場合を考えればわかります。それゆえ、
「ある数a，bについて$a-b=b-a$」
は真の命題なのです。

以上のように、「すべて」と「ある」の用法をきちんとおさえれば、「論理」でつまずいている人も理解が進むはずです。

また、大学の数学では「線形代数学」と「微分積分学」が重要な基礎となります（経済学を学ぶ人にとっても同様です）。それぞれ最初に理解しなくてはならない重点項目として、線形代数学では「１次独立」、微分積分学では「$\varepsilon-\delta$論法」というものがあるのですが、それらを理解できるか否かの鍵は、実はこの「すべて」と「ある」の用法の理解にかかっているのです。

3－9　ベクトルと位置ベクトル

すべての実数は2乗すると0以上の実数になります。いま、2乗して-1になる新しい数を考えて、それをiで表すことにします。このiを「虚数単位」といい、a、bを実数として、「$a+bi$」の形に表される数を「複素数」といいます。難しいと思われるかもしれませんが、これは現在、電気や翼の設計などさまざまな分野に応用されている数なのです。

ガウス（1777－1855）は1799年の論文において、1変数xに関するn次方程式は複素数の範囲においてn個の根をもつことを証明しました。

複素数$z=a+bi$　（a，bは実数）

とxy座標平面上の点（a，b）を対応させることによって、複素数全体と平面上の点全体との間に「1対1の対応」がつきます（次ページ図1参照）。

すなわち、どちらにも漏れるものがなく、一方の1つには他方の1つしか対応しません。その平面を「複素数平面」あるいは「ガウス平面」といいますが、本来、それを学ばなくては複素数の初歩を学んだことになりません。ところが2003年の学習指導要領の改訂により、複素数平面は高校の数学から姿を消してしまいました。

図1

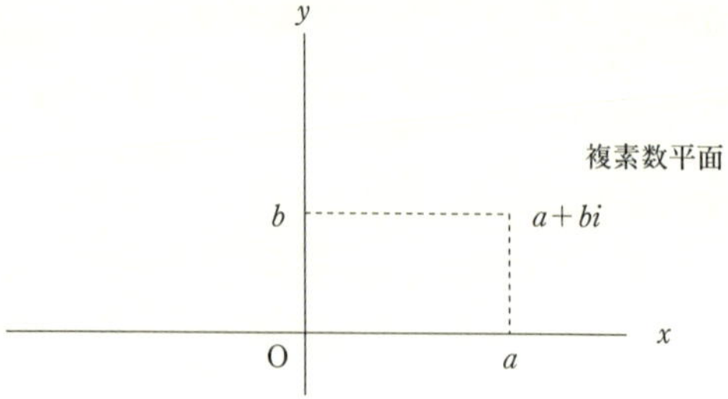

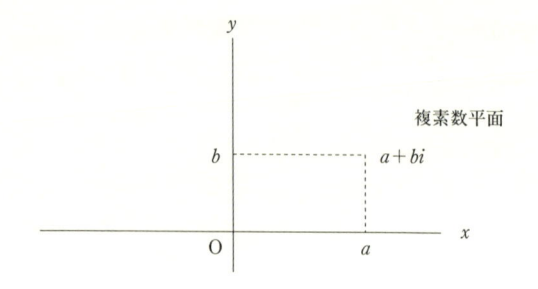

「新しい数」の概念の登場を歴史的に見ると、実は負の数の導入にも反対する学者がいたのです。ですから複素数の導入にも、当然のように反対する学者がいました。それでも下の図2を見ていただくとわかりますが、扱う数の対象がより広くなり、数学の発展はもちろん、自然科学全般、あるいは社会科学にも大きく貢献したという見方ができます。

図2

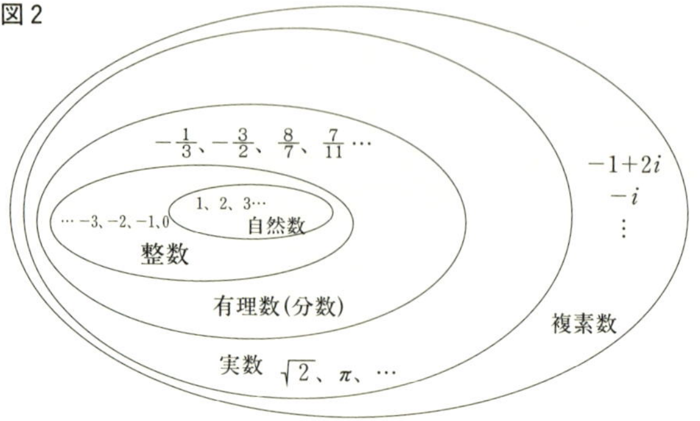

小学生が初めて分数を学ぶとき、あるいは中学生が初めて負の数を学ぶときを見ても、数の対象が広くなる段階はとてもつまずきやすいところです。

この「新しい数の導入」とともに非常につまずきやすいポイントとして、「算数・数学として同じものでも表現の形が異なっている概念の導入」というものがあります。たとえば算数のレベルでは、小学生が最もつまずきやすい事項として京都大学の西村和雄教授も指摘しているように（05年11月2日付読売新聞）、「比の概念」があります。

前置きが長くなりましたが、実は「ベクトル」も同じ視点でとらえることができるのです。

「ベクトルなんかさっぱりわからない」と言う高校生の話に耳を傾けると、「表現の形は異なっていても数学としては同じもの」ということを認識していないことがよくわかります。ベクトルは、複素数のように新しく数の世界が広がったわけではありません。力を向きと大きさだけで考えるとき、作用する場所は一切問わない、というような認識です。それを認識しないために、ベクトルの定義が理解できないのです。また、さらに混乱に拍車をかけるものとして「位置ベクトル」という概念もあります。

ベクトルを学ぶ理由は基礎段階ではわかりにくいかもしれません。しかし先々のことを考えると、ベクトルと位置ベクトルを正しく理解しておくことはとくに重要なので、以下、平面を使って説明しましょう。

図3

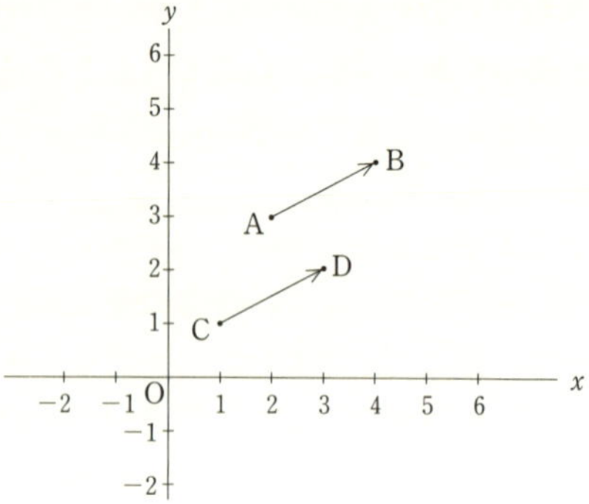

*xy*座標平面上に4つの点、

A (2, 3)　B (4, 4)　C (1, 1)　D (3, 2)

があります。線分ABと線分CDはどちらも同じ長さ$\sqrt{5}$をもち、AからBへ向かう向きとCからDへ向かう向きも同じです。しかしながら、それらは当然異なる線分です。「線分が等しい」と言うときには、それぞれの両端が一致して重ならなくてはなりません。

ところが、ベクトルの世界では事情が異なります。「ベクトル$\overrightarrow{AB}$」と言うときは、AからBへ向かう向きと線分ABの長さだけを考えるのであって、平面上のどこにあってもその位置は一切問わないのです。そして線分ABの長さをベクトル$\overrightarrow{AB}$の「大きさ」といい、$|\overrightarrow{AB}|$で表します。図3において、

$$\overrightarrow{AB} = \overrightarrow{CD}$$

となりますが、ベクトル$\overrightarrow{BA}$はベクトル$\overrightarrow{AB}$とは向きが反対なので異なります。それをベクトル$\overrightarrow{AB}$の「逆

ベクトル」といいます。

ベクトルに関しては、向きと大きさだけを考えるので、$\overrightarrow{a}$、$\overrightarrow{b}$などのように省略した表示をよく用います。下図において、$\overrightarrow{a}$、$\overrightarrow{b}$の「和」、あるいは$\overrightarrow{a}$、$\overrightarrow{b}$の「なす角」などの定義を学習するとき、位置は一切問わないことを利用して、上手に平行移動させる感覚をもって考えることが大切です。たとえば「和」に関しては図4の（ア）を（イ）で考えたり、「なす角」に関しては図5の（ア）を（イ）で考えたりするような、柔軟な対応が求められるのです。

図4

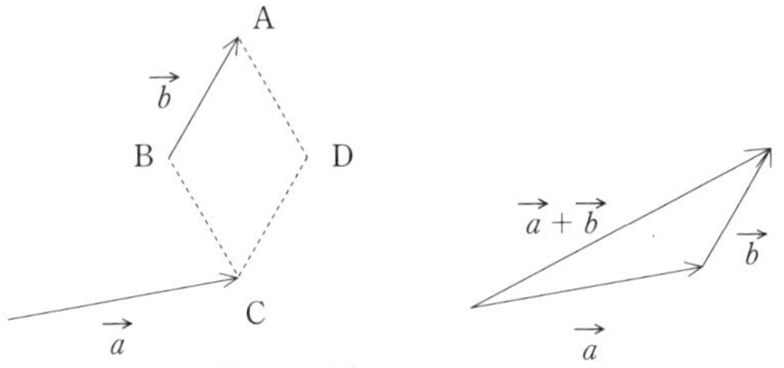

(四角形ABCDは平行四辺形)
（ア）　　　　（イ）

図5

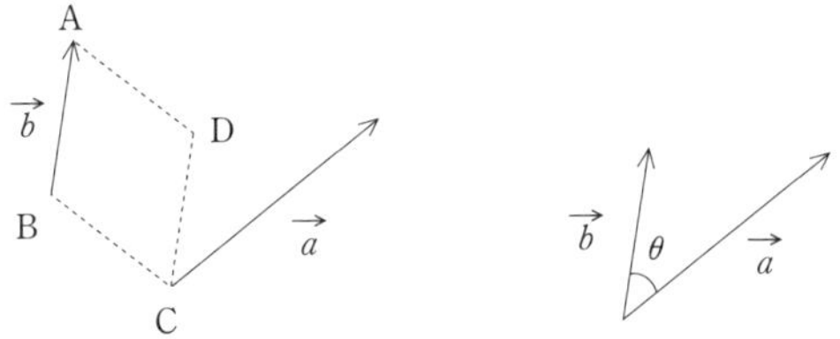

(四角形ABCDは平行四辺形)
（ア）　　　　（イ）

空間におけるベクトルどうしの「和」や「なす角」を学びはじめた生徒が、突然、「ねじれの位置にあってもそのようなことを定められるのですか？」という質問をすることがあります。上で述べたように、ベクトルでは「位置を一切問わない」ことをきちんと理解していれば、そのような質問をすることはなかったでしょう。そのことを利用して平行移動すればよいのは空間でもまったく同じなのですから。

次に「位置ベクトル」ですが、これは高校生がきわめて誤解しやすいものですから、とくに注意が必要です。

平面上に１点Oを固定すると、どんな点Aに対してもベクトル$\overrightarrow{OA}$が定まります。反対に、どんなベクトル$\vec{a}$に対しても、$\overrightarrow{OA}=\vec{a}$となる点Aがただ１つ定まります。このようにして、平面上の点全体とベクトル全体との間に１対１の対応がつきます。そして、$\overrightarrow{OA}=\vec{a}$であるとき、$\vec{a}$を「点Oを基準とする点Aの位置ベクトル」といいます（図６参照）。

図６

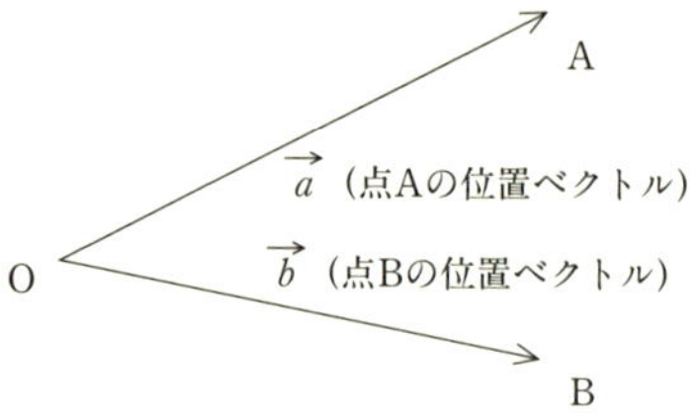

図7

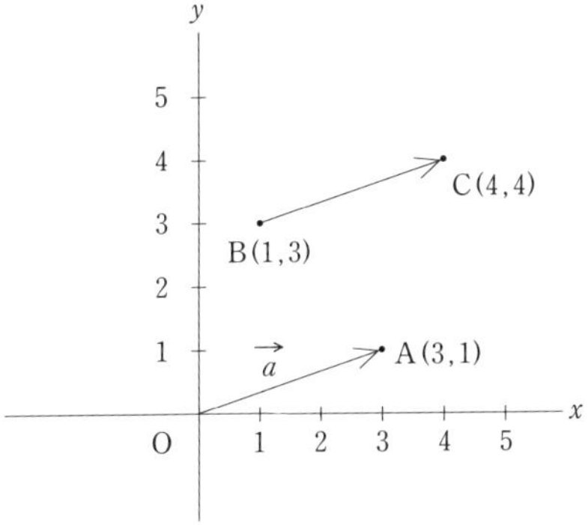

誤解しやすい要点を図7で説明しましょう。

ベクトル$\overrightarrow{a}$は点Oを基準とする点Aの位置ベクトルです。そこで「$\overrightarrow{a}$と$\overrightarrow{\mathrm{BC}}$はベクトルとして同じなのでしょうか？」という質問を高校生にすると、たいていは「違うと思います」と答えます。

それは誤りで、両者は同じベクトルです。ベクトル$\overrightarrow{\mathrm{BC}}$は点Oを基準とする点Aの位置ベクトルになっているのです。こうした指摘のないことが、位置ベクトルの誤解を生む大きな原因なのでしょう。

さて、図7のベクトル$\overrightarrow{a}$は原点からx軸の正の方向に3、y軸の正の方向に1移動するベクトルと見ることができます。そこで、それを(3, 1)という「成分表示」で表すこともできます。この成分表示は一般的で、たとえば経営分野で鉄が3トン、石炭が1トンの需要があるときも、同じ表示を用いるのです。

3—10 「行列」は数の感覚で計算しない

「行列」もベクトルと同様、戦後の教育から始まった概念のひとつです。これは現在、文系の数学では学習しませんから、大学理系に進学する人以外は本項を飛ばしてしまっても構いません。ただし後で少し応用例を紹介するように、行列は経済学や経営学でもいまや必須の概念なのですが。

さて、「行列」と聞くと、ただ数字を並べたものを想像する人がたくさんいます。たしかに、

$$A=\begin{pmatrix}1 & 2\\ 3 & 4\end{pmatrix},\qquad B=\begin{pmatrix}5 & 6 & 7\\ 8 & 9 & 0\end{pmatrix}$$

はいずれも行列で、Aは「2行2列」の、Bは「2行3列」の行列となっています。しかし本来行列は、Aならば平面から平面への、Bならば空間から平面への、「線形写像（1次写像）」という「写す」ものとセットにして理解すべきものなのです。なお「写像」とは、ある集合の各々の要素を何らかの規則によってもうひとつの集合のそれぞれに対応する要素へ写すことをいいます。ですから$y=f(x)$という関数も、規則fによって、ある集合の各々の要素xをもうひとつの集合のそれぞれに対応する要素yへ写す「写像」という操作にほかなりません。

ところが、1994年の学習指導要領の改訂によってそうした方面の記述が削除されたこともあってか、「ただ数字を並べただけのもの」という行列に対するイメージは、さらに広がってしまったようです。とはいえ、そのようなイメージの行列の学習でも、指摘しておかなくてはならないことがいくつかあります。以下、2行2列の行列に限定して説明しましょう。

次の2つの行列

$$A=\begin{pmatrix} a & b \\ c & d \end{pmatrix}, \qquad B=\begin{pmatrix} e & f \\ g & h \end{pmatrix}$$

に対し、それらの和、積を次のように定めます。

$$A+B=\begin{pmatrix} a+e & b+f \\ c+g & d+h \end{pmatrix}$$

$$AB=\begin{pmatrix} ae+bg & af+bh \\ ce+dg & cf+dh \end{pmatrix}$$

たとえば、

$$A=\begin{pmatrix} 1 & 2 \\ 3 & 4 \end{pmatrix}, \qquad B=\begin{pmatrix} 9 & 8 \\ 6 & 5 \end{pmatrix}$$

ならば、

$$A+B=\begin{pmatrix} 1+9 & 2+8 \\ 3+6 & 4+5 \end{pmatrix}=\begin{pmatrix} 10 & 10 \\ 9 & 9 \end{pmatrix}$$

$$AB = \begin{pmatrix} 1 \cdot 9 + 2 \cdot 6 & 1 \cdot 8 + 2 \cdot 5 \\ 3 \cdot 9 + 4 \cdot 6 & 3 \cdot 8 + 4 \cdot 5 \end{pmatrix}$$

$$= \begin{pmatrix} 9 + 12 & 8 + 10 \\ 27 + 24 & 24 + 20 \end{pmatrix}$$

$$= \begin{pmatrix} 21 & 18 \\ 51 & 44 \end{pmatrix}$$

となります。これは行列の「計算規則」として覚えるほかありません。

余談ですが、日本の数学教科書は全般的に応用の話題が少ないといえます。とくに行列に関してはそうで、1つも応用例を挙げないのはさびしい限りです。何に使うのかもわからずに「計算処理」だけをするのはつまらないと思うほうが普通です。それでつまずいてしまう人もきっといることでしょう。そこで、行列と確率をミックスした「確率行列」についての一例を紹介しましょう。

ある製品に関してA社とB社が市場を二分しているようなケースは、いろいろな業界で考えられるでしょう。そして当然のように、両社による拡販合戦が繰り広げられます。

いま、A社の製品を使用しているユーザーが来年もA社の製品を使用する確率は8割で、来年はB社のものに変更する確率は2割だとします。また、B社の製品を使用しているユーザーが来年もB社製品を使用する確率は7割、A社製品に変更する確率は3割だとします。そしてこのような推移は毎年ほぼ一定として、その状態を2行2列の確率行列Pというもので次のように表します。

$$P = \begin{pmatrix} 0.8 & 0.2 \\ 0.3 & 0.7 \end{pmatrix}$$

このPをPP, PPP, $PPPP$, …というように次々と掛けていくと、それらの結果は、

$$\text{行列} \begin{pmatrix} 0.6 & 0.4 \\ 0.6 & 0.4 \end{pmatrix}$$

にどんどん近づいていきます。おわかりでしょうか。これが意味することは、市場のシェアはA社が6割、B社が4割の一定の割合に落ち着くということなのです。(なお、行列の積に関する結合法則は成り立ちます)

さて、どんな2行2列の行列A、Bに対しても、

$$A+B=B+A$$

は成り立ちます。しかし積に関しては、そうはいきません。次の計算を見てください。

$$\begin{pmatrix} 1 & 1 \\ 0 & 1 \end{pmatrix} \begin{pmatrix} 1 & 0 \\ 0 & 0 \end{pmatrix} = \begin{pmatrix} 1 & 0 \\ 0 & 0 \end{pmatrix}$$

$$\begin{pmatrix} 1 & 0 \\ 0 & 0 \end{pmatrix} \begin{pmatrix} 1 & 1 \\ 0 & 1 \end{pmatrix} = \begin{pmatrix} 1 & 1 \\ 0 & 0 \end{pmatrix}$$

このように、一般には

$$AB = BA$$

は成り立ちません。

不思議なのは、その事実をよく知っている生徒でも、どんな2行2列の行列A、Bに対しても

$$(A+B)^2 = A^2+2AB+B^2$$

が成り立つと思い込んでいる場合がよくある、ということです。なお、A^2はAAのことで、B^2はBBのことです。参考までに、

$$(A+B)^2 = A^2+AB+BA+B^2$$

は一般に成り立ちます。

次に、

$$O = \begin{pmatrix} 0 & 0 \\ 0 & 0 \end{pmatrix}, \quad E = \begin{pmatrix} 1 & 0 \\ 0 & 1 \end{pmatrix}$$

である行列O、行列Eを、それぞれ「零《ゼロ》行列」、「単位行列」といいます。そして一般に、どんな2行2列の行列Aに対しても、

$$A+O = O+A = A$$

$$AO = OA = O$$

$$AE = EA = A$$

は成り立ちます。

ふだんの数学では、

$$3\times\frac{1}{3}=\frac{1}{3}\times 3=1$$

となるように、0以外の数aに対してはある数bがあって、

$$ab=ba=1$$

となります（bはaの逆数）。そして2行2列の行列A、Bに対して、

$$AB=BA=E$$

となるときは、BはAの「逆行列」といいます。たとえば、

$$\begin{pmatrix}1 & 1\\0 & 1\end{pmatrix}\begin{pmatrix}1 & -1\\0 & 1\end{pmatrix}=\begin{pmatrix}1 & 0\\0 & 1\end{pmatrix}$$

$$\begin{pmatrix}1 & -1\\0 & 1\end{pmatrix}\begin{pmatrix}1 & 1\\0 & 1\end{pmatrix}=\begin{pmatrix}1 & 0\\0 & 1\end{pmatrix}$$

のような場合がそうです。

ところが、普通の数学と違って、零行列Oでなくても逆行列をもたない行列があります。たとえば、

$$\begin{pmatrix}a & b\\c & d\end{pmatrix}\begin{pmatrix}1 & 0\\0 & 0\end{pmatrix}=\begin{pmatrix}a & 0\\c & 0\end{pmatrix}$$

なので、

$$\begin{pmatrix}1 & 0\\0 & 0\end{pmatrix}$$

は逆行列をもちません。

ここでまた、逆行列をもたない行列があるという事実をよく知っている生徒でも、零行列Oと異なる2行2列の行列Aに対して、

$$A^2 = A$$

が成り立つとき、Aの逆行列が必ず存在すると思い違いをし、それを両辺に掛けて

$$A = E$$

を導いてしまう場合がよくあるのです。

行列の世界では、数の感覚で計算してはならないことをよくよく留意したいものです。

ところで、行列ではなぜ、数の感覚で計算してはいけないのでしょうか。この素朴な疑問で立ち止まってしまった人がいたら、たいしたものです。

気がついた人も多いでしょうが、行列の掛け算では普通の数字の世界で成り立つ「交換法則」が成り立たないのです。ここで、この項の最初に書いたことを思い出してください。そこではこう述べていました。「本来行列は、……『線形写像（1次写像)』という『写す』ものとセットにして理解すべきもの」だと。つまり行列は、さまざまな関数と同様、写像（あるいは変換）という「操作」の規則の一形態なのです。操作の順番を交換すると結果が異なる場合がありうるのは当然のことなのです。

3－11 「逆関数」を知っておこう

高校の数学では、「関数」という言葉のついた概念がたくさん出てきます。「三角関数」「指数関数」「対数関数」、微分積分を扱う次の項では「導関数」というものが出てきます。こうした「関数」という言葉だけで、もう「つまずき」を感じてしまう人もいるかもしれません。「指数関数はなんとかわかったけど、対数関数はどうも」などと、「関数」の理解があいまいなまま、バラバラに取り組んで苦労している人も多いことでしょう。しかし最低限、理解しておくべきことを理解すれば、多くの「数学の壁」が乗り越えられるようになるのです。

そこで本項では「逆関数」について述べながら、関数に対する理解を深めたいと思います（関数の簡単な定義については〈2－10「関数」と「関数のグラフ」の意味〉で復習してください）。

yがxの関数として、Xをその定義域、Yをその値域とします。するとその関数によって、Xのどの数に対しても、Yのある1つの数が対応しています。しかし、Xのある異なる2つの数a、bに対して、両方ともYのある数cに対応していることはありうることです（次ページ図1参照）。

図1

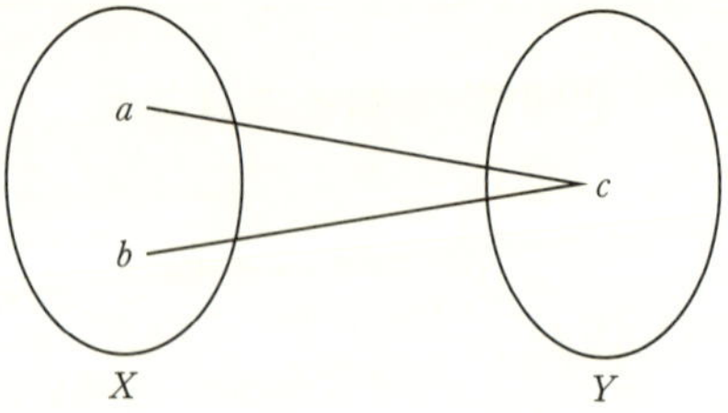

たとえば、

$y = x^2$

という関数の定義域Xは実数全体で、値域は0以上の実数全体です。そして、

$2^2 = 4,\ (-2)^2 = 4$

なので、

$a=2,\ b=-2,\ c=4$

とおいた場合が上記の例となります。

いまyをxの関数とし、Xをその定義域、Yをその値域とするとき、図1に示されたような関係が1つもないならば、Yのどの数に対しても、Xのただ1つの数がその関数によって対応することになります。

たとえば、

$y = x+2$

という関数では、定義域も値域も実数全体です。そして、Yの数aを決めると、それに対応してXの1つの数$a-2$が決まります。視覚的にとらえると、それぞれの線のY側の端からX側の端を見ることになります(図2参照)。

図2

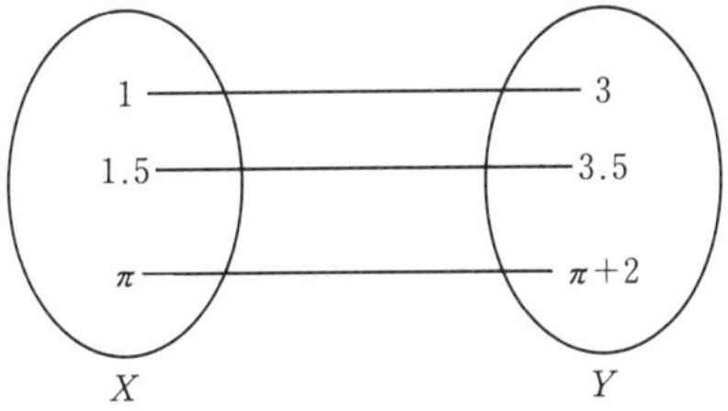

このように見ることによって、Yを定義域、Xを値域とする逆の対応を与えるyの関数xが決まります。そして、その関数を元の関数の「逆関数」といいます。しかし習慣上、「yはxの関数」という表現が普通です。そこで、xとyを取り替えて記述するのです。

たとえば、

$$y=x+2$$

の逆関数は

$$y=x-2$$

となります。実際、この関数によって、3は1に移り、3.5は1.5に移り、$\pi+2$はπに移ります(図2参照)。

ここで再び逆関数を定められる前提の状況に目を向けましょう。yをxの関数とし、Xをその定義域、Yを値域とするとき、「図1に示されたような関係が1つもない」という状況です。これは〈3−9 ベクトルと位置ベクトル〉の項で用いた「1対1の対応」という言葉を使えば、「定義域Xと値域Yとの間に関数によって1対1の対応がついている」と言うことができます。

もうひとつ、別な例で考えてみましょう。

関数 $y=\dfrac{1}{2}x-\dfrac{1}{2}$

の定義域 X も値域 Y も実数全体で、X と Y の間に１対１の対応がついています（図３参照）。

図３

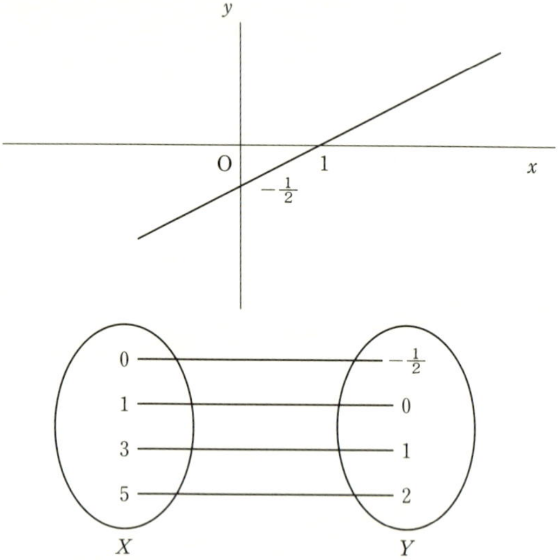

そこで逆関数が定められるので、求めてみましょう。まず、元の関数の式を次のように変形します。

$$y=\frac{1}{2}x-\frac{1}{2}$$

$$2y=x-1$$

$$x=2y+1$$

そして習慣上「yはxの関数」という表現を用いるので、xとyを取り替えて、

$$y = 2x+1$$

が求める逆関数になります。実際、$-\frac{1}{2}$は0に移り、0は1に移り、1は3に移り、2は5に移ります。

さて、図1（200ページ）のところで指摘したことから、関数$y=x^2$には逆関数がありません。しかしながら、定義域Xを「実数全体」から「0以上の実数全体」に制限するとどうでしょうか。この場合も値域Yは0以上の実数全体で、変わりはありません。そして、この関数のグラフは図4のようになります。

図4

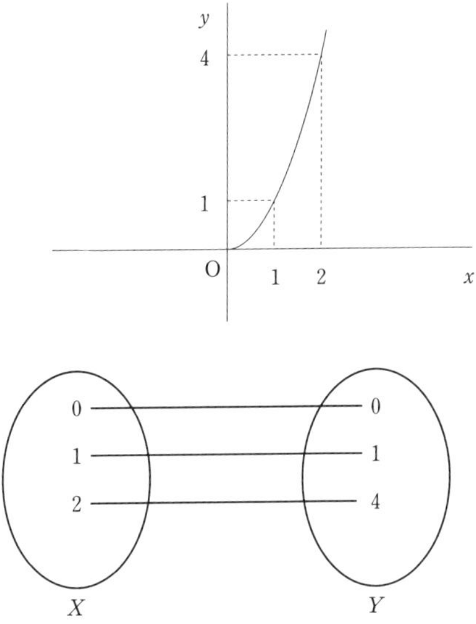

そこで、この場合は定義域Xと値域Yとの間に1対1の対応がつくことになり、逆関数が定められます。元の関数の式を次のように変形して、求めてみましょう。

$$y = x^2 \qquad (x \geqq 0)$$

$$x = \sqrt{y} \qquad (y \geqq 0)$$

xとyを取り替えて、

$$y = \sqrt{x} \qquad (x \geqq 0)$$

が求める関数となります。

このように、根号$\sqrt{\quad}$の中に文字変数を含む式で表される関数を「無理関数」といいます。ちなみに、その関数のグラフを描くと次のようになります。

図5

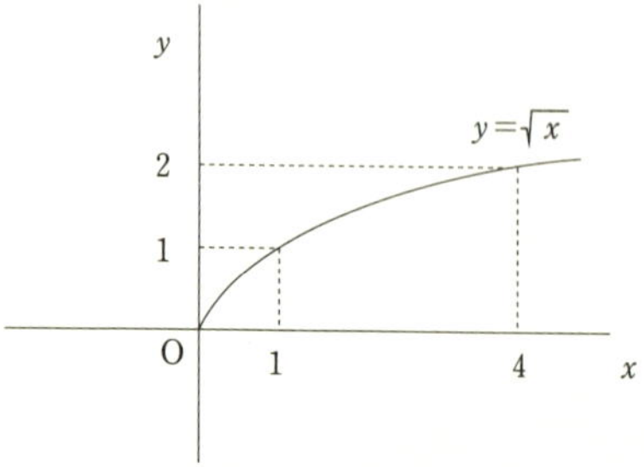

参考までに述べておくと、逆関数のグラフ一般にいえることですが、図5のグラフと図4のそれは、直線$y=x$に関して対称であることに注目しましょう。

図6

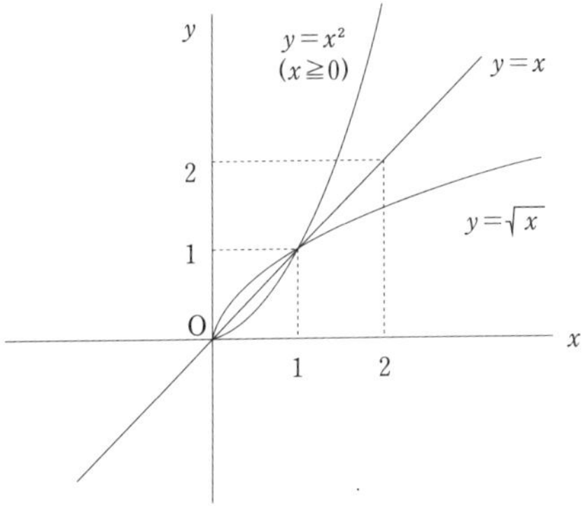

明らかに、逆関数の逆関数は元の関数です。それからもわかるように、元の関数と逆関数を1セットにしてとらえる見方は自然なものでしょう。遠回りしているように見えても、そのほうがしっかり理解できる一例だと思います。

では、以上を理解したうえで、「指数関数」と「対数関数」をセットにして説明することにしましょう。

aを1でない正の定数とするとき、

$$y=a^x$$

で表される関数を、aを底とするxの「指数関数」といいます。たとえば$a=2$とすると、xが1、2、3のときyの値はそれぞれ2、4、8になります。

実は、その関数の逆関数がaを底とする「対数関数」で、

$$y=\log_a x$$

と表します。たとえば$a=2$とすると、xが2、4、8の

ときyの値はそれぞれ1、2、3になります。

かつての高校数学教科書では、「対数」は上で紹介したような逆関数の考え方を前面に出して導入していましたが、現在の教科書にはそれがありません。

最後に、指数関数

$$y = 2^x$$

とその逆関数

$$y = \log_2 x$$

のグラフを一緒に描いておきます。

図7

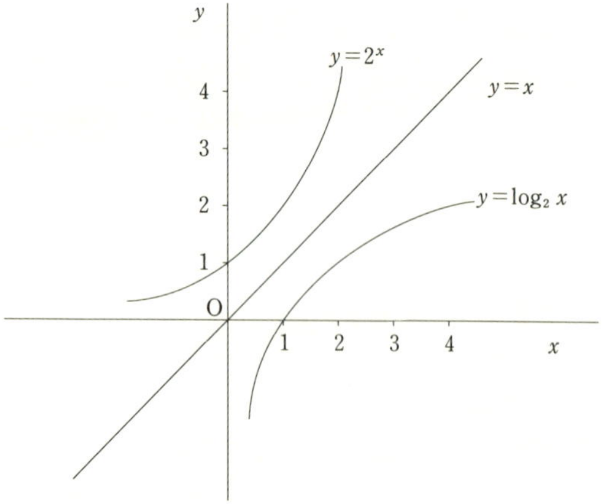

3－12　微分積分の鍵は「限りなく近づく」

高校の数学を学ぶ人にとって、最後にそそり立つ大きな壁が、おそらく微分積分でしょう。しかしこれらは「文系」であっても実社会において大変重要になる概念ですから、ぜひ理解しておきたいものです。

では微分積分を知ると、いったい応用として何を学ぶのでしょうか。結論から示してしまいましょう。

積分では、いろいろな図形の面積や体積が、厳密にしかも簡単に計算できます。

微分では、いろいろな関数のグラフの各点における「傾き」を知ることができます。

面積や体積ならともかく、「傾き」がいったい何の役に立つのかと思うかもしれません。しかし、たとえば自動車などの速度を考えてみてください。速度は、「距離÷時間」で出てきます。でも、それではある瞬間の速度はわかりません。一方、「傾き」からは、どの時点で時速30kmになっているか、というように速度から時刻も決定することができます。

それでは、微分積分を理解するための「鍵」の説明に入る前に、微分積分からどのようにして「傾き」や面積・体積を導き出せるのか、まず概略を紹介しましょう。数学用語が出てきても、「そういうものだ」と思って先に進んでください。

1次関数 $y = ax + b$ $(a \neq 0)$ のグラフである直線の傾きについては、説明の必要はないでしょう。

図1は関数 $y=x^2$ を表すなめらかな放物線ですが、点A $(-1, 1)$ あるいは点B $(2, 4)$ におけるその曲線の傾きのようなものも考えられます。すなわち、それぞれの点における接線の傾きを考えるのです。

図1

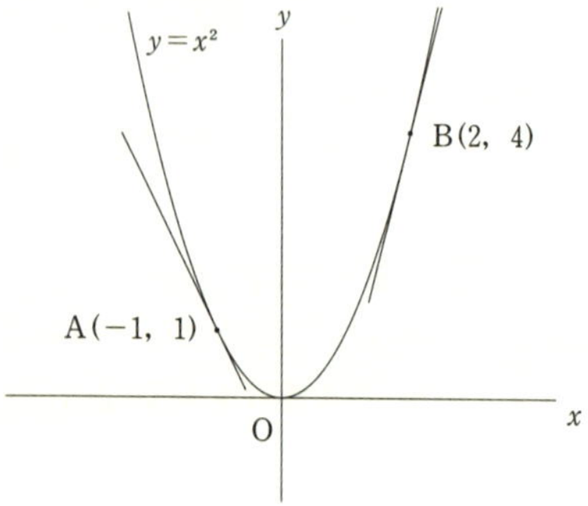

ここで、関数 $y=x^2$を「微分する」と、新たに「導関数」y'というものが定まって、

$$y'=2x$$

となります。この「導関数」とは、元の関数 ($y=x^2$) のそれぞれの対応する点における接線の傾きを表している関数なのです。実際、点A、Bにおけるその傾きは、それぞれ

$$2 \times (-1) = -2$$

$$2 \times 2 = 4$$

になります。

次に、図2における斜線の部分を考えてみます。

図2

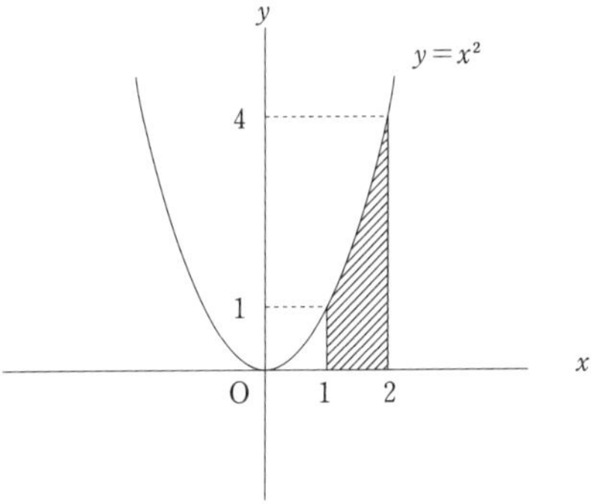

一般に、xの関数$F(x)$の導関数が$f(x)$となるとき、$F(x)$を$f(x)$の「不定積分」といい、不定積分を求めることを「$f(x)$を積分する」といいます。これを記号で

$$\int f(x)\,dx$$

によって表します。

関数$y=x^2$を積分すると、その不定積分は

$$\int x^2 dx = \frac{1}{3}x^3 + C \qquad (C\text{は定数})$$

となります。

関数$f(x)$の不定積分$F(x)$に対し、$F(b)-F(a)$を

記号$\int_a^b f(x)\,dx$

で表し、これを関数$f(x)$のaからbまでの「定積分」といいます（これで「不定積分」と「定積分」の違いはわか

るでしょう)。

関数 $y=f(x)$ の不定積分が存在し、そのグラフを表す曲線が x 軸より上に位置して $a<b$ であるとき、図3の斜線部分の面積は、定積分 $\int_a^b f(x)\,dx$ になります。

図3

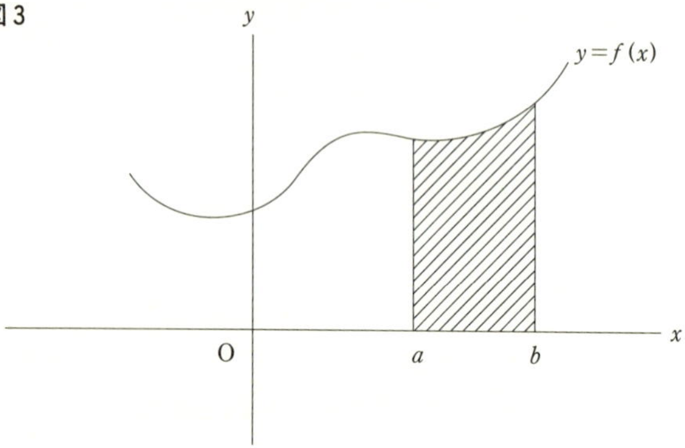

実際、先の放物線のグラフ（図2）の斜線の部分の面積は、

$$\int_1^2 x^2 dx = (\frac{1}{3}\times 2^3 + C) - (\frac{1}{3}\times 1^3 + C)$$

$$= \frac{8}{3} - \frac{1}{3} = \frac{7}{3}$$

となるのです。記号の意味を覚え、計算方法さえわかってしまえば、その応用はそんなに難しくないことがわかるでしょう。

ここで私が微分と積分の計算方法の例を説明抜きで紹介したのには理由があります。それは、普通の学習のしかたでは、こうした段階に至るまでの過程が実に長いからです。微分積分という山に登れなかった人の多くは、こうした長い過程でつまずいてしまったのでしょう。

一方、えんえんと続く森林地帯を登って見晴らしのよい山頂を目指すとき、山頂からの景色を事前に写真などで見ておくと、目的意識が高まり、登っているときに元気が出ることがあります。微分積分の応用例を最初に示したのは、そういう意図がありました。

もちろん、写真を見ただけで登山をした気分になっては意味がないように、微分積分の学習でもあとから着実に理論的な面を登っていかなくてはなりません。それは決して容易なことではなく、足を踏み外しそうな危険な場所が随所にあります。そうした「つまずき」や誤解のもととなるものが、これから述べる「限りなく近づく」という言葉なのです。

というわけで、いよいよ本題に入りましょう。

数学に関心をもつ一般の社会人が増えてきているのかもしれませんが、

$$0.999\cdots = 1$$

は成り立つか、という話をよく耳にします。ところが、その説明には疑問があります。

$$0.333\cdots = \frac{1}{3}$$

であるから、その両辺を3倍すれば結論が導かれる、というものがほとんどです。しかし、この説明には「無限小数」の説明がありません。さらに、それでは無限小数の掛け算で繰り上がりを伴う、

$0.676767\cdots \times 3$

のような計算はどのように考えればよいのでしょうか。おそらく、返す言葉が出てこないような気がします。

ここで、無限小数に関して説明しましょう。

$a.\alpha_1\alpha_2\alpha_3\cdots$

という正の無限小数を考えます。ここで、aは整数部分で（$a \geqq 0$）、α_1は小数第1位、α_2は小数第2位、α_3は小数第3位、…とします。そして、数列、

$a.\alpha_1,\ a.\alpha_1\alpha_2,\ a.\alpha_1\alpha_2\alpha_3,\ \cdots$

を考えます。たとえば円周率 3.14159…に対しては、

3.1, 3.14, 3.141, 3.1415, 3.14159, …

を考えるのです。

ところでいま、

0.9, 0.99, 0.999, 0.9999, …

という数列を考えると、それは「1に限りなく近づく」というイメージをもつことができます。

ここで注意として、

1, 0, 1, 0, 0, 1, 0, 0, 0, 1, 0, 0, 0, 0, 1, …

という数列は、1が出てくる間隔は長くなるものの必ず次々と出てくるので、「0に限りなく近づく」とはいいません。しかし、

2, 0, 0.2, 0, 0, 0.02, 0, 0, 0, 0.002, …

という数列は、0のどんな近い範囲をとっても、ある番号から先の項はすべてその中に入ってくるので、「0に限りなく近づく」と考えます。たとえば0から±0.01という範囲をとっても、7番目以降の項はすべてその中に入っています。

また、数列

$$1, -0.1, 0.01, -0.001, 0.0001, -0.00001, \cdots$$

も「0に限りなく近づく」といえます。

数αに「限りなく近づく」ことをαに「収束する」といい、数列が収束しないときは「発散する」といいます。

前にもどって、数列

$$a.\alpha_1, a.\alpha_1\alpha_2, a.\alpha_1\alpha_2\alpha_3, \cdots$$

は、必ずある値に収束することが知られています。その値のことを無限小数

$$a.\alpha_1\alpha_2\alpha_3\cdots$$

で表すのです。だから、

$$0.9999\cdots = 1$$

なのです。

なお、この式で注意すべき点を述べておくと、限りなく近づいていくその目標となる数が1なのであって、小数点以下の9を無限に続けていくといつの間にか1になってしまう、という解釈ではありません。

さて、数列

$$\{a_n\} : a_1, a_2, a_3, a_4, \cdots$$

がαに収束することを、

$$\lim_{n \to \infty} a_n = \alpha$$

と書きますが、上で述べたような解釈による誤解が尾を引いて、「普通の足し算 $1+2=3$ に出てくる等号＝と、収束するときに出てくる等号＝は、同じ記号であっても『ピッタリ』と『だんだん近づく』というように意味が違う」と勘違いしている人たちが実に多いのです。

y が x の関数で

$$y = f(x)$$

と表すとき、xの定義域内にある数aがあって、aと異なる値をとりながらaに限りなく近づくどのような数列 $\{a_n\}$ に対しても、

$$\text{数列}\ \{f(a_n)\} : f(a_1),\ f(a_2),\ f(a_3),\ \cdots$$

が限りなくある値 bに近づくとき、

$$\lim_{x \to a} f(x) = b$$

と書きます。たとえば$f(x)=x^2$に関して、0と異なる値をとりながら0に限りなく近づくどのような数列 $\{a_n\}$ に対しても、

$$\text{数列}\ \{f(a_n)\} : {a_1}^2,\ {a_2}^2,\ {a_3}^2,\ {a_4}^2,\ \cdots$$

は限りなく0に近づくので、

$$\lim_{x \to 0} x^2 = 0$$

と書くのです。

そしてとくに、

$$\lim_{x \to a} f(x) = f(a)$$

のとき、関数$f(x)$は$x=a$で「連続」といいます。直観的には、関数$y=f(x)$のグラフは$x=a$で「つながっている」ということでしょう。

具体的に、

$$f(x) = 2x+1$$

のとき、

$$\lim_{x \to 1} f(x) = 3 = f(1)$$

となり、関数$f(x)$は$x=1$で連続になります（その他の数でも連続）。

一方、図４に掲げるような関数$y=f(x)$は、$x=1$では連続になりません（その他の数では連続）。

図４

$$f(x) = \begin{cases} 1 & (x < 1) \\ 2 & (x \geqq 1) \end{cases}$$

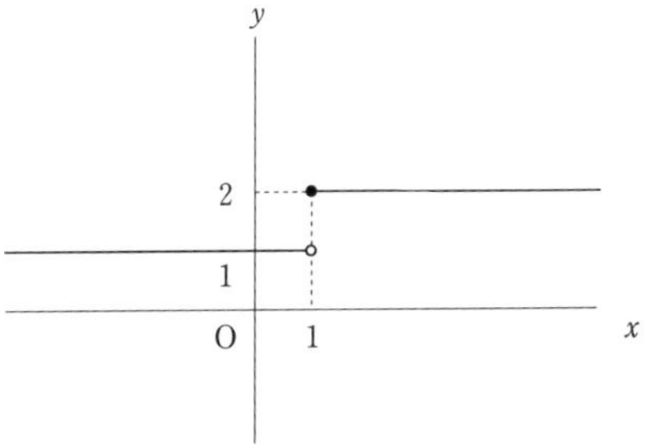

次に、y が x の関数で

$$y=f(x)$$

と表すとき、x の定義域内のある数 a に対して、

$$\lim_{h\to 0}\frac{f(a+h)-f(a)}{h}=c$$

となるある数 c があれば、関数 $f(x)$ は $x=a$ で「微分可能」であるといい、

$$f'(a)=c$$

と書きます。

そして、c を関数 $f(x)$ の $x=a$ での「微分係数」といいます。そこで大切なことは、0と異なる値をとりながら0に限りなく近づくどのような数列 $\{h_n\}$ に対しても、数列

$$\frac{f(a+h_1)-f(a)}{h_1},\ \frac{f(a+h_2)-f(a)}{h_2},\ \frac{f(a+h_3)-f(a)}{h_3},\ \cdots$$

が限りなく c に近づくということです。すなわち図5において、

$$\text{線分ABの傾き}=\frac{f(a+h)-f(a)}{h}$$

は限りなく c に近づくのです。

なお、c は関数 $y=f(x)$ のグラフ上の点 $(a,\ f(a))$ における接線の傾きになっています。

先の図1で示した例では、関数 $y=x^2$ の $x=-1,\ 2$ での微分係数は、それぞれ-2、4となります。

図5

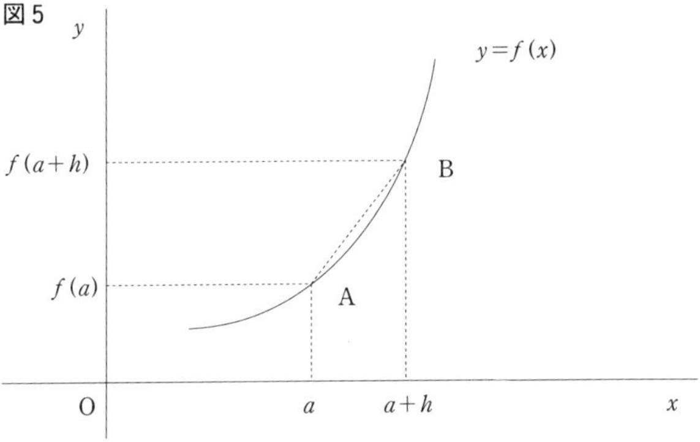

一方、次の関数 $y=f(x)$ は、$x=1$ で連続であるものの微分可能ではありません(その他の数では微分可能)。

図6

$$f(x)=\begin{cases}1 & (x<1)\\ x & (x\geqq 1)\end{cases}$$

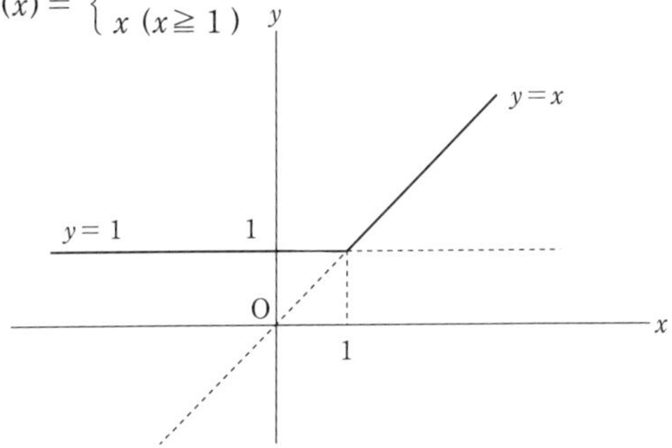

それは、$a=1$ として、数列 $\{h_n\}$ を次の2通りで考えてみると納得できるでしょう。

$-1,\ -0.1,\ -0.01,\ -0.001,\ -0.0001,\ \cdots$

$1,\ 0.1,\ 0.01,\ 0.001,\ 0.0001,\ \cdots$

前者の場合は、対応する線分ABの傾き（図６参照）は常に０ですが、後者の場合はそれが常に１となるので、微分係数に相当する一定のcは定まらないのです。

参考までに$f'(a)=c$のとき、

$$\lim_{h\to 0}\frac{f(a+2h)-f(a)}{h}$$

の値はcでなく$2c$であることが理解できれば大したものです。それについては、微分の計算を得意とする高校生でも意外と理解できません。一応それを説明すると、次の式変形からわかることでしょう。

$$\begin{aligned}\lim_{h\to 0}\frac{f(a+2h)-f(a)}{h} &= 2\times\lim_{h\to 0}\frac{f(a+2h)-f(a)}{2h}\\ &= 2\times\lim_{h\to 0}\frac{f(a+h)-f(a)}{h}\\ &= 2c\end{aligned}$$

単に微分の計算だけならば、小学生にも「やり方」を教えればできるものでしょう。しかし大切な微分の概念は、「限りなく近づく」の意味がわからなければ理解できるものではないのです。それは、積分に関しても同じです。

積分の考え方は〈2−14　立体の体積と表面積〉で紹介したように、〝薄く切って積み上げていく〟ものです。積分記号を使って、

$$S=\int_1^2 x^2dx$$

と記述した式の意味は、図２（209ページ）における斜線の面積はSだということでした。それは図７の（ア）（イ）における細長い長方形の面積の和が、hを０と異なる値をとりながら限りなく０に近づけていくとき、どちらもSに限りなく近づく、ということなのです。

図７

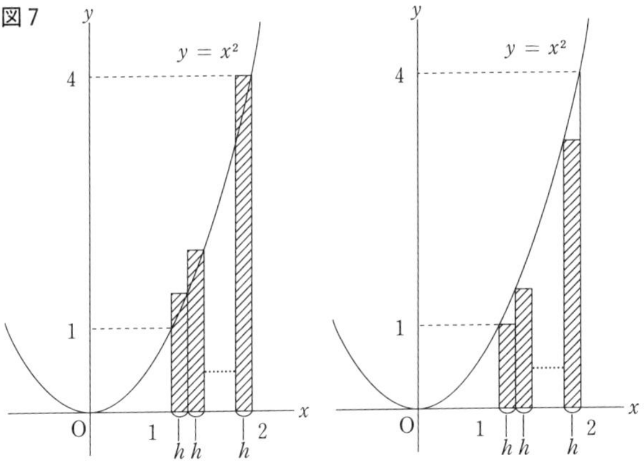

（ア）　　（イ）

こうした微分と積分の考え方を積み上げた先に、「微分方程式」があります。現代の科学では、物理現象ばかりではなく化学反応、人口増加、細菌の拡散、人間の記憶想起等々、およそ時間とともに変化する現象は、この微分方程式によって記述するのが普通です。現代の科学技術の発展を歴史的に眺めると、その礎には微分積分学の成果が堅固に築かれているのです。

あとがき

私は毎年、各地の教員研修会での講演、および小・中・高校での特別（出前）授業を積極的にお引き受けしています。

研修会での講演後には時間が許す限り質問を受けていますが、現場の先生方からの質問には、答えに躊《ちゅう》躇《ちょ》するものがあります。それは、高校教諭からの大学入試についてのものです。必然的に心の中で、高校と大学の間にある入試という壁を意識します。そして、私がそれを意識すればするほど、高校の先生方もそれを意識することになります。

しかし不思議なもので、入試に関する質問が一巡すると、その壁を越えた数学教育の本音の部分の話題に移ることがしばしばです。建て前と本音を使い分けることのできない私の性格がプラスになっているようで、まえがきにも書いた「つまずき」に関する研究のヒントを始め、「学力低下」の深刻な実態を含む、多くの有意義な情報を得ることになります。

一方、授業での生徒からの質問は意外なものが多く、大切にしたいものばかりです。同じ数を次々と掛け合わせていく累乗の変化の激しさを伝えるために、私は小・中学生に次のような話をよくします。

1cmを次々と倍にして100回倍にすると、なんとその長さは宇宙の大きさである100億〜200億光年をも超えてしまう……という話です。

秋田県の西仙北西中学校でその話をしたあとに、生徒から「宇宙を超えているなら宇宙の外側はどうなっているのですか」という質問をされたときは驚かされたものです。

また、ある学校での授業のあとに、校長先生から「今日、先生に質問した生徒は、普段の授業中は手を挙げない生徒です。だから、私はとても嬉しかったのです」と言われたとき、目頭が急に熱くなったことも忘れられません。

大切なのは、まず好奇心をもつことではないでしょうか。初めから「計算処理」のスピードや問題を解くテクニックばかりを競わされることで、その素朴な好奇心が芽生えなくなっているとしたら、それはむしろ大きなマイナスだと思います。

本書がここに完成したのは、本音で語り合っていただいた現場の先生方、それに積極的に手を挙げて質問をしてくれた生徒のみなさんがいたからです。そうそう、「算数・数学のここが嫌い！」と率直に話してくれた子どもたちの声も大いに参考になりました。

本書を出版するにあたり、１年前に『数学的思考法』を出版するときご尽力くださった現代新書出版部の阿佐信一さんに、再度お世話になりました。ここに深く感謝の意を表します。

2006年４月　　　　芳沢 光雄

主要参考文献

岡部恒治・戸瀬信之・西村和雄（編）『分数ができない大学生』東洋経済新報社、1999

小倉金之助（補訳）『復刻版 カジョリ初等数学史』共立出版、1997

黒木哲徳『入門算数学』日本評論社、2003

数学教育協議会・銀林浩（編）『算数・数学なぜなぜ事典』日本評論社、1993

数学教育協議会・銀林浩（編）『算数・数学なっとく事典』日本評論社、1994

塚原成夫『高校数学による発見的問題解決法』東洋館出版社、1994

矢野健太郎『新版 お母さまのさんすう』暮しの手帖社、1994

矢野健太郎（編）『数学小辞典』共立出版、1968

芳沢光雄『高校「数学基礎」からの市民の数学』日本評論社、2000

芳沢光雄『ふしぎな数のおはなし』数研出版、2002

芳沢光雄『数学的思考法』講談社現代新書、2005

芳沢光雄『よしざわ先生の「なぜ？」に答える数の本』（全4巻）日本評論社、2005－2006

N.D.C. 410 222p 18cm
ISBN4-06-149840-1

講談社現代新書 1840

算《さん》数《すう》・数《すう》学《がく》が得《とく》意《い》になる本《ほん》

2006年5月20日第1刷発行 2006年6月22日第4刷発行

著　者　芳《よし》沢《ざわ》光《みつ》雄《お》

発行者　野間佐和子

発行所　株式会社講談社
東京都文京区音羽2丁目12-21 郵便番号112-8001

電　話　出版部 03-5395-3521
販売部 03-5395-5817
業務部 03-5395-3615

装幀者　中島英樹

印刷所　大日本印刷株式会社

製本所　株式会社大進堂

定価はカバーに表示してあります Printed in Japan

「講談社現代新書」の刊行にあたって

教養は万人が身をもって養い創造すべきものであって、一部の専門家の占有物として、ただ一方的に人々の手もとに配布され伝達されうるものではありません。

しかし、不幸にしてわが国の現状では、教養の重要な養いとなるべき書物は、ほとんど講壇からの天下りや単なる解説に終始し、知識技術を真剣に希求する青少年・学生・一般民衆の根本的な疑問や興味は、けっして十分に答えられ、解きほぐされ、手引きされることがありません。万人の内奥から発した真正の教養への芽ばえが、こうして放置され、むなしく滅びさる運命にゆだねられているのです。

このことは、中・高校だけで教育をおわる人々の成長をはばんでいるだけでなく、大学に進んだり、インテリと目されたりする人々の精神力の健康さえもむしばみ、わが国の文化の実質をまことに脆弱なものにしています。単なる博識以上の根強い思索力・判断力、および確かな技術にささえられた教養を必要とする日本の将来にとって、これは真剣に憂慮されなければならない事態であるといわなければなりません。

わたしたちの「講談社現代新書」は、この事態の克服を意図して計画されたものです。これによってわたしたちは、講壇からの天下りでもなく、単なる解説書でもない、もっぱら万人の魂に生ずる初発的かつ根本的な問題をとらえ、掘り起こし、手引きし、しかも最新の知識への展望を万人に確立させる書物を、新しく世の中に送り出したいと念願しています。

わたしたちは、創業以来民衆を対象とする啓蒙の仕事に専心してきた講談社にとって、これこそもっともふさわしい課題であり、伝統ある出版社としての義務でもあると考えているのです。

一九六四年四月　野間省一